カウチポテト・ブリテン

英国のテレビ番組からわかる、いろいろなこと

宗 祥子

芙蓉書房出版

20世紀前半にアーティストが集まったチャールストン・ファームハウス

ベリックのパブ
「クリケターズ・アームス」

オケハンプトンのパブ
「フィングル・ブリッジ・イン」

パッシェンデールそばの
英国兵士の共同墓地

ブリッジ・シアターから眺める
テムズ河畔

ティヴァトンのパブ
「フィッシャーマンズ・コット」

一軒家の個人書店「マッチ・アドゥ・ブックス」では読書会も開かれる

ホックニー・ギャラリーのエントランス

ベリックの教会内部。ダンカン・グラントたちが描いた宗教画を見ることができる

フィッシュガード、マナータウンハウスから海を眺める

ネコも夜の散歩

キツネのそばで警戒して丸くなるヘッジホグ

まえがき

日本のテレビ番組は、いつからこんなにつまらなくなってしまったのだろう。バラエティー番組やワイドショーなど、知恵もカネも時間もかけずに作った番組が電波で胡坐《あぐら》をかいている。日本に住んでいるときは「見るものがないなあ」とは思ったけれど、そんなにひどい状況だとは思っていなかった。それがはっきりわかったのは、英国に来たからだ。

ドラマは脚本家や俳優の層が厚く、ドキュメンタリーは大量の時間と人力がかかっている。そして、プレゼンターの質が高い。得意分野や専門分野についての知識が深く、それについては本人も誇りと自信を持っている。いろいろな出演者にただ話を振ったり、仕切っているようでいて実は何もしていない日本とは一線を画す。

もちろん、英国にもつまらない番組はある。他人の私生活を覗き見るようなリアリティー・ショーや、露悪的な視聴者参加番組など、「日本ではここまでやらないな」というものもある。だから、「英国が素晴らし」くて「日本がダメだ」なんて言いたいのではない。ただ、私が楽しんだ英国の番組を伝えたいな、と思った。そしてそこから見えてくる日英のあれこれについても。

これは、英国のおもしろい番組と今の英国がわかる、そんな一石二鳥の本です。

📺「カウチポテト」とは……

解釈には2説ある。

①ジャガイモのようにソファ(寝椅子)に転がり、動かないでテレビばかり見ている人。

②ポテトチップスを食べながらソファに寝そべり、怠惰にリモコン操作でテレビやビデオを見る人。

前者はアメリカで生まれた本来の意味で、後者は日本流の解釈と言われている。

さて、筆者はというと、

③ジャガイモのようにソファに転がり、リモコンでテレビやビデオを見ながら日英に思いを馳せる人、かな。

カウチポテト・ブリテン
英国のテレビ番組からわかるいろいろなこと

目次

3　リアルな英国

2❖ニュースで読む英国

1

テレビ番組で見る英国

1 ドラマはこんなにおもしろかった?!

英国の想像力と創造力

英国人はシェアがお好き

❦《ビーイング・ヒューマン》（2009〜2013年）

私は他人と共同生活をしたことがない。

家族とはもちろん、一緒に住んだ。夫とも共に暮らしている。しかし、寮に入ったことも、友人とフラットをシェアしたこともない。でも、共同生活のようなものをしたことはある。大学に入ったとき、普通の家の一間を借りた。そこはお年寄りのご夫婦で、もう巣立ったお子さんの3つの部屋をひと部屋ずつ女子大生に貸していたのである。四畳半の畳の部屋で、廊下の角には小さなキッチンがあった。他の２人の下宿人とは風邪をひいたときなどはおかゆを作ったり、本を貸し借りしたり、という交流はあったけれど、それほど密にお互いを行き来することはなかった。

《ビーイング・ヒューマン Being Human》は20代の幽霊と狼男と吸血鬼が共同生活をするという、おもしろくもおかしく、涙も混じった英国らしさが感じられるドラマだ。幽霊はアニー。お茶目で愛すべき性格。幸せ絶頂の婚約期間中に死んでしまい、愛するボーイフレンドのことが心残りで彼岸に行けない。普通の人には姿が見えないので、かえって人が隠していること、ウラの顔などが見えてしまい、生きているころよりも思慮深い人間になる。

吸血鬼はミッチェル。ハンサムで、３人の中では兄貴的存在。実年齢は推定１００歳以上。吸血鬼であることを恥じていて、血への渇望をコントロールしようと努力するが、過去の吸血鬼仲間に悪の道へ引きずり込まれようとする。ごく普通の人のように見えるが、唯一違うのはその姿が鏡や写真に映らないこと。

狼男はジョージ。狼男であることを除けば、ごく平凡な、ちょっと気弱な男子。旅行先のスコットランドの山中でオオカミに襲われ、それ以来、満月の夜になるとオオカミへの変態が始まり、とても狂暴になる。その間は自分で何をするかわからないので、鍵のかかる頑丈な部屋へ閉じ込めてくれとアニーやミッチェルに懇願する。

ジョージとミッチェルは、ある事件がきっかけでお互いの秘密を共有するようになり、今では病院の雑用係として共に働いている。一緒に住む家を探していたところ、アニーが住む家に行きついた。アニーは、婚約者のオーウェンと住んでいた家に誰にも住んでほしくなく、超常現象を起こして住人たちを追い払ってきた。ところが、ジョージとミッチェルは幽霊を怖がることもなく、気が合い、3人の共同生活が始まる。

《ビーイング・ヒューマン》というタイトルのように、3人は人間であった頃のように普通に住もう、住みたいと思うのだけれど、さまざまな事件が次々に起こる。ミッチェルは息子の死を自分の責任だと嘆く母親を見ていられずに、息子に吸血鬼として生を与える。ジョージは初めて心からの友人と思える人に会ったら、それは自分を狼男に変えた張本人だったことを知る。アニーは、大好きだった婚約者が実は自分を殺した殺人犯だったことを突き止める。それぞれが裏切られたり、傷ついたりしながら、でも3人がいるから乗り越えられた。しかし、そんな3人の生活にも終わりの日が近づきつつあった……。

ユーモアの中に生と死の問題が交じり合い、人間の欲望、正義、愛情、友情についてもちょっと考えさせられる、なかなか味のあるドラマだった。第1シリーズの最後は、ミッチェルを救うために、狼男になったジョージが吸血鬼のボスと対決し、恋人の裏切りを知ってこの世に未練を無くしたアニーには死への扉が開かれる。それぞれの道に進んでおしまいかと思ったら、好評につき5シリーズまで作られた。もちろん、最初のシリーズが一番おもしろかった。

英国では、特にロンドンでは家賃が高いため、ハウスシェアをする人が多い。日本のように大学卒業まで親がかりという人はマジョリティではなく、大学進学のために借金をする若者が大半だ。ブレアが首相だった時代に大学進学は有料となり、年間３０００ポンドから始まった授業料は今では９０００ポンドに上がっている。それらは学生本人が奨学金として取得し、卒業後に返済する義務がある。ただし、年収２万１０００ポンドを超えることがなければ返済は猶予される。年収が一生、その金額を超えることがなければ返済することはない。

友人には二人の娘がいる。彼女たちも大学進学となり、家を離れることになった。経済的には裕福な家庭なので、彼女たちが望めば小さいフラットを買うか、借りるくらいのことは可能だったと思うが、当の本人たちが一人暮らしを嫌がった。帰って一人は寂しいというのだ。自分の部屋は欲しいけれど、話し相手も欲しい。キッチンや居間に行けば、誰かがいる生活がしたいということで、学生同士がシェアする一軒家に入った。自分の部屋があるからボーイフレンドだって呼べるし、彼氏が先月と違ったとしても、そんなのいったい誰が気にするだろう。新しい彼ができれば、また紹介すればいいだけの話だ。そういうあっけらかんとした人間関係だから、共同生活ができると言えそうだ。日本人のように他人の目や口が気になるようではそうはいかない。おもしろいことは、そういう共同生活をしたがるのは西欧人に多いらしいということだ。友人によると中国人や日本人は狭くても、一人暮らしを好むという。

私が大学生だったころ、ワンルームマンションというものが普及し始めた。それらはまだまだ一般的ではなく、金銭的に余裕がある人のためのプライベート空間だった。私も玄関が一緒の他人の家の一部屋を借りるのではなく、そんな部屋で気儘《きまま》な一人暮らしをしたかった。でも、今振り返るとハメを外せない、ちょっと窮屈だったあの日々は良かったのだと思う。銭湯に通ったのも懐かしい思い出だ。そんなことでもなければ、私は一生、一軒家に他人と住むという経験はしなかっただろう。

しかし、最近は日本でもシェアハウスという言葉を聞くようになった。インターネットで見たそれは、実に日本的。あるがままの一軒家をシェアハウスに転用するような英国風の形態ではなく、本当にシェアのために作られた、共用施設のあるホテルのような住居空間だ。共用部分の清掃・管理なども管理会社がやってくれそう。シェアで暮らしても一人で暮らすようなものだ。他人と接触する必要はまるでない。「冷蔵庫はどうしましょう」とか「ゴミ出しの当番は」とか言う必要もない。そんな「ルールブック」は不動産会社が作ってくれてあるだろう。では、何のためのシェアなのか。安いというだけ？　空間のシェアだけ？　なんとなく寂しい気がするけど。一人でいるより大勢の方が孤独を感じるという、そんな感じ。

私は「シェア」に興味シンシンだ。これから高齢者が増え、年金が減り、コストパフォーマンスを考えたら共同生活が理に適《かな》っている。でも、いいとこ取りで楽しく暮らしたいから、私が思い描いている「シェア」はコーポラティブハウス（自由設計集合住宅）に近い。裕福ではなくても経済的に独立できている個人が、キッチンと居間を共有する。トシを取れば気難しくもなり、譲り合いも苦手になるだろう。だから、トイレと風呂ぐらいは自前で持ちたい。でも、話し相手は欲しいから、そこに行けば誰かいるという安心感、連帯感は持ちたい。コレって贅沢？

英国のウルトラマン

《ドクター・フー》（1963年～）

昔、子供番組の「ブーフーウー」が好きだった。

黒柳徹子さんの「窓ぎわのトットちゃん」を読んだとき、（小さい頃のことをこんなに覚えている人もいるんだ！）と驚いた。小さい頃のことと言わず、私はあまり記憶力がいいほうではない。○○先生のときにはこんなクラスメートがいてこんなことが起きたとか、運動会で、学芸会で、文化祭で、こんなことがあったなあ、なんてことはほとんど思い出さない。断片的に場面として覚えていても、その前後を通して物語として再生することは、ほぼない。

そんな私でもときどき懐かしく思い出すのが、子どもの頃見た番組。「ブーフーウー」は子ブタの着ぐるみのお芝居で、個性の違う3匹がイジワルなオオカミと知恵比べで戦うというお話。人形劇の「チロリン村とクルミの木」では、ピーナッツ頭を覚えている。「ひょっこりひょうたん島」や「南総里見八犬伝」なども楽しみにしていた。ドラマでは、アメリカ製の「宇宙家族ロビンソン」、「鬼警部アイアンサイド」、「プロスパイ」なんて、ありましたっけ。今話しても、誰もピンと来ないだろうな。チャンネルの数は少なかったし、放送時間も限られていたけれど、今よりも番組の質は高かったように思う。

《ドクター・フー Doctor Who》は1963年が初放送の子供向け番組。1989年で一時中断したものの、2005年からは新シリーズとして再出発した。主人公のザ・ドクターは不死身。何年か経つと生まれ変わり、それがシリーズの節目ともなる。姿が変わっても時を超えて存在するという設定なので、俳優が変わって、姿が変わっても過去の記憶は残っており、経験は蓄積され、物語は続いていく。とても便利な設定なのだ。1989年までで7回、新シリーズになってからは5回生まれ変わっていて、現在のドクターは13代目。

物語の基本は「タイム・ロード」とも呼ばれるドクターが、ポリスボックス型のタイムトラベル・マシン「ターディス」を使って時空を旅し、遭遇するいろいろな事件や出来事を解決していく、というもの。ドクターにはいつも旅のパートナーがいて、ドクターが生まれ変わるとパートナーも変わる。ドクターは宇宙人（たぶん）だけれど、パートナーは普通の地球人。常に携帯する光る万年筆のような「ソニック・スクリュードライバー」はドクターの必需品。モノを検査したり、審査したり、開かずのドアを開けたりと万能の力を持つ。
30年、40年前のエピソードで出てきた同じ悪役の宇宙人が現れることもあり、視聴者は親子二代で楽しめて、それがまた人気でもある。11代目のドクターで９０９歳ということだ。子供向け番組とは言うが、ストーリーはよく練られているし、俳優は実力派、舞台のセットもお見事。作る側も楽しんで、視聴者を驚かせようと知恵を絞っているんだろうなということが伝わってくる。

私が初めて《ドクター・フー》を知ったのは２００４年頃、知り合いに短時間の子供の世話を頼まれ「コレ、見せておけばおとなしいから」と言われて渡されたＤＶＤだった。それは映画版で、「ダーリック」という、しゃがれ声でしゃべる円錐状の悪役ロボットが出てきた。知り合いの夫が「僕が子供の頃にも悪者だったんだ。おもしろいよ」と言っていた。私は見るともなく見て、印象には残らなかった。日本のアニメや「ウルトラマン」の方がずっとおもしろくない？

それが「あら、こんなに人気のある番組だったんですか」と、思いを新たにしたのは２００５年、《ドクター・フー》の新シリーズが始まるというのでＢＢＣが大キャンペーンをした時だ。独特のテーマ音楽も、ターディスも、ソニック・スクリュードライバーもそのままで、ドクターだけが違う。復帰第１シリーズのドクターはクリストファー・エクルストン。テレビ俳優というより映画俳優。ユアン・マクレガーと共演した「シャロー・グレイヴ」で注目を集め、2005年当時はすでにベテラン俳優だった。ＢＢＣは宣伝に力を入れ、視聴者も楽しみに待ち、番組としてはとても成功した。

しかし、エクルストンは2年目はやらないと宣言した。あれだけ彼を前面に押し出し、宣伝したＢＢＣはおかんむり。エクルストンとしては、番組が成功したからこそ「ドクター・フー＝エクルストン」という印象が定着するのを恐れたのだろう。

彼を継いだデヴィッド・テナントは、その頃は新進といったイメージだったけれど、この配役でお茶の間に定着。これをステップ・ストーンにしてメキメキ有名になっていった。現在の13代目ドクターは初めての女性。すでにいろいろなドラマで活躍しており、この抜擢は彼女のキャリアをさらに高めるだろう。

《ドクター・フー》は子供向け番組として作られ、そう見られているけれど、大人も十分楽しめる。その理由は、普通のドラマと同じ、あるいはそれ以上のエネルギーが投入されているからではないか。脚本家は一人ではなく数人いるのだが、どの人も名前を上げれば「ああ、あの」とわかるヒット作を持っている。そして、俳優のクォリティーが高い、加えてセットやロケがきちんとしている。現在、過去、未来、地球、さまざまな惑星を旅するのだが、チャチな感じは皆無。

最近の日本の子供はどんな番組を見ているのだろう。コンピュータゲームや、スマホのチャットで忙しく、テレビは三流の娯楽になってしまったのか。私の子供の頃はアニメも目白押しで「巨人の星」、「タイガーマスク」、「魔法使いサリー」なんて人気でしたけど。

アニメはさておき、あの人形劇をもう一度見たいと思うシニアは多いのではないだろうか。というか、もう知らない人が大半だと思うのでイチから創造するつもりで、もう一度チャレンジしてほしい。今の子供にはテンポが合わない？　カネと時間がかかり過ぎる？　だったら、世界でトップを走る高齢化社会なのだから、高齢者を対象にすればいい。脚本は大河ドラマのような歴史もの、あるいは水木しげるのような妖怪ファンタジーもの、桃太郎の冒険譚とか。大人がおもしろいと思える脚本で、アナログの人形劇を、年寄りが起きる早朝に放送するのだ。もしかしたら、大ヒットが生まれるかもしれない。

❦《マーリン》（2008〜2012年）

発音が問題だ

子供の頃、なりたかったのは魔法使い。

8歳か9歳の頃だったと思うが、誕生日プレゼントにもらった本が『小さい魔女』（オトフリート・プロイスラー作）。それ以来、魔女になりたくてしかたがなかった。一度だけ魔女になった夢を見て、もう一度見たいと、その夜と同じように布団を敷き、同じパジャマを着て、同じ時間に寝たけれど、二度と魔女になる夢を見ることはなかった。

ＢＢＣには子供向けチャンネルが２つあるが、普通のチャンネルでも土曜日の夕方は子供向けドラマを放映することが多い。私が気に入っていたのは《マーリン Merlin》。「アーサー王伝説」を土台に、円卓の騎士で有名なランスロットも出てくる。ただ、違うのはアーサー王が10代の頃の物語なのだ。

マーリンは英国の田舎町に生まれ育ち、人にはない能力があった。魔術。母親はどう息子を導けばいいのかわからず、知り合いの宮廷医師、ガイアスのもとへと息子を送り出す。しかし、ガイアスの雇い主である王のウーサー・ペンドラゴンは魔術を毛嫌いしており、20年前に使用を禁止。最後のドラゴンは地下牢に閉じ込められている。だからガイアスにとって、魔術の使えるマーリンは厄介者だが、その魔術に助けられもし、マーリンの素直な心とまじめさにも好感を持ち、魔術師であることは伏せて、ウーサーにマーリンを助手に雇うことを願い出る。マーリンには、決して人前では魔術を使わないようにと厳命する。ところが、心に語りかけるドラゴンの声を聞いたマーリンは、地下に降りて行ってドラゴンを見つけ、自分には「ウーサーの息子アーサーを守り、国を守る使命がある」と聞かされる。つまり、守るためには魔術を使わなければならない。

マーリンとアーサーの出会いは最初からつまずく。マーリンはアーサーが王子だとは知らないし、もちろんアーサーはマーリンが特殊な能力を持っていることを知らない。アーサーは父王に反発する一方、田舎者のマーリンもバカにするが、主人と従者となって行動を共にするうち、お互いの能力を認め、上下の関係ではない絆で結ばれていく。
当初、マーリンはまだ一人前の魔法使いではなく、魔法がうまく使えない。困ったことが起こると、地下の洞窟に降りて行ってドラゴンに尋ねるが、ドラゴンはヒントを与えるだけで助けてはくれない。アーサーも父親に自分を一人前に扱ってもらおうと功をあせるが、それもなかなか実を結ばない。次々に襲ってくる魔術師たちの罠や策略を、半人前の二人が協力して助け合い、ともに成長していくというのがこのドラマの魅力だ。

それにしても、ドラマのマーリンは若い。アーサー王も若い。たいていの人が思い浮かべるマーリンはディズニーのマーリンで、長い白髪に白いひげというものだろう。マーリンの保護者で老師でもあるガイアスを演じる俳優が友人に、「今度、マーリンに出ることになったよ」と言ったら「ああ、マーリン役か」と言ったように、若いマーリンなど誰のアタマにもなかった。その意外性が視聴者を掴んだのだろう。魔法でコトが都合よく解決しないところもいい。魔女も出てくる。ロマンスもあります。5シリーズまで作られたけれど、私はドラゴンが出てくる最初の頃の物語が一番好きだ。ドラゴンの声を担当したジョン・ハートもとても好き。彼が亡くなって残念だ。

さてこの番組がヒットしていた頃、当時8歳の姪と会う機会があり、これなら共通の話題でお話が弾むと思った私はそこへ話を振りました。そうしたら、しばし沈黙の後「おばちゃん、何のことかわからない」と、とても申し訳なさそうな顔で言うのです。(うわっ、こりゃ発音だ、発音) とすぐにピンときた私は今度は口を丸く開けるのではなく、「マ」が口にこもるように「マーリン」と言って、事なきを得たわけですが、発音は大切。

日本語には鼻濁音という微妙な発音があるけれど、あんな感じのものが英語にはいっぱいある、というのが実感。正確に発音するのも、聞き取るのもタイヘン。短期間でも小さい頃に英語圏に住んだ人の発音は全く違います。小さい頃の「耳」って精密なんですね。日本語訛りはないほうがいいけれど、文法やスペルが間違っているよりは発音が悪くて「もう一回」と聞き直される方がマシな気がします。

でも、人の名前は間違うと失礼になると思うので、聞きなれない名前を発音するときは緊張します。リオ・オリンピックの中継で、あるアナウンサーが体操の加藤選手のことを「ケイトー」と呼び、「カトーだ!」と訂正していた日本人視聴者は私だけではないでしょう。BBCともあろう局が、なぜ人の名前ぐらい確かめないのか。でも、日本語の発音だから指摘できたけれど、同じような失敗をBBCは結構やっているのかもしれません。各国一人、校正要員を確保しておけばいいだけなのに。

夫は日本に住んだことがあり、日本語検定も受けたことがあります。その彼が日本語で一番苦手だったのは「病院」と「美容院」。よくわかります。

賭けと英国人

❦《ピーキー・ブラインダーズ》（２０１３年〜）

一時、競馬にはまったことがある。

はまったという語弊がある。「競馬場に行って馬券を買うという行為」を楽しんだといったほうが当たっている。つまり場外馬券売り場ではなく、競馬場へ直接行くことで「私はギャンブルをするのではない、馬を楽しむのである」と自分に言い訳したかったのだ。山口瞳の本でパドックでの馬の見方を学び、競馬新聞でいろんな印の見方を覚え、使うお金は１日２０００円までと決め、皐月賞とか有馬記念とかの大レースに年に2回くらい出かけて行った。

「ギャンブルをするのではない」というのなら、予想だけして馬券は買わなければいいようなものだが、そうはいかなかったのである。その頃、場外馬券売り場には「ウインズ」という愛称がつけられ、武豊騎手が彗星《すいせい》のごとく現れて若い人が競馬場に行くきっかけになった。そして重賞レースが近づくと「休日に、競馬場っていいかも」と思わせる、中央競馬会のステキな広告がバンバン流れた。

《ピーキー・ブラインダーズ　Peaky　Blinders》は第一次世界大戦直後の１９２０年代、バーミンガムを舞台にしたギャングの物語。学歴も頼れる後ろ盾もない兄弟が、金持ちになって社会のヒエラルキーを昇り詰めていこうと結束する。シェルビー家の4人兄弟は地元で競馬専門の小さな賭け屋をやっている。いずれはライセンスを取り、商売を大きくし、儲けを拡大したいと考えているが、今はしがないチンピラだ。

ボスは4人兄弟の中の次男トマス。頭の回転が速く、先を見る力があり、必要とあれば非情にもなれる。長男アーサーは血の気が多く義理に厚いが、グループを率いるには策略に欠ける。この2人は大戦からの帰還兵で、精神的なトラウマを抱えている。ある日、トマスは武器工場から盗まれた大量の武器を発見し、これが将来役に立つと直感した彼はそれを隠す。案の定、アイルランドから警部が派遣されてきて、シェルビー家を締め上げる。そして、IRAも武器を売らないかと持ちかけてくる。両者を天秤にかけつつ、トマスは格上のビリー・キンバーとは別の取り引きをし、賭け屋の公式ライセンスを獲得する。これが、シェルビー家をただのチンピラからギャングへ、そしてギャングの中のギャングへと押し上げていくきっかけになる。

アイルランドの警部キャンベルは、亡くなった同僚の娘グレイスを潜入捜査官として、トマスが経営するバーのウェイトレスに送り込む。実は警部は娘ほどに年が違うグレイスに一方的に思いを寄せており、そのグレイスは仕事を進めるうちにトマスに魅かれていく。違法の小さな賭け屋から始めて危険な駆け引きを積み重ね、合法の大手にのし上がっていくのだが、同業者同士の抗争あり、自分たちを捨てていった父親との葛藤あり、官憲との裏取引あり、そして数々の美女たちとの艶聞あり。しかし、男っぽいばかりかというと、その男たちを牛耳っているのは叔母のポリーで、実は女にアタマが上がらないという部分もあり、叔母の存在がストーリーに深みを与えている。

そして、物語の中で印象に残っているのが初回の馬のエピソード。賭け屋としては、大勢の顧客に負ける方の馬券を買ってもらわないと商売にならない。そこで、八百長を仕掛ける組織力はないので、情報を操作する。レースの前、トマスは馬を連れて中国人街へ出かける。そこで占い師なのか祈祷師なのか、中国人女性に赤い粉を馬の鼻先に吹きかけてもらい、勝ち馬宣言をする。そのウワサは瞬く間に町に広がり、労働者たちは負け馬券をつかまされるのである。その時の、暗い貧民街でフワッと赤いモヤが広がる様子がとても幻想的で印象に残った。

ピーキーブラインダーとは、彼らがトレードマークとして被っている帽子に由来する。別名、ハンチング帽。ひさしの硬い部分をピークと呼び、そのすぐ上にせり出す本体との間にカミソリを忍ばせ、ケンカになるとその部分を敵の目を狙ってシュッとひとなぎ、目をつぶすというわけだ。それで《ピーキー・ブラインダーズ》。ドラマとは少し時代がずれるけれど、実際にバーミンガムに存在したギャングで、ドラマほどハンサムでも、スマートでもなかっただろう。でも、若い頃のチャーチルも絡ませた脚本は話に厚みを持たせ、スケールの大きな話になっている。

トマス・シェルビー役のキリアン・マーフィーは、ダニー・ボイルの監督作品「28日後…」

にも出ています。アイルランドのコーク出身。私は当時、映画の彼は全く知らず、このドラマでファンになったのですが、ドラマの大ヒットはほぼ彼のおかげでしょう。当時、ドラマ好きは寄ると触るとこの話をしていました。

そして！　英国に住んでいると、こんなこともあるんですねー。ワタクシ、彼のご両親と偶然お会いする機会に恵まれました。夫と私は年に2回ウェールズのフィッシュガードという町に出かけます。そこのホテルで一緒でした。アメリカからの友だちご夫婦とそこで落ち合ったということらしかったですが、すべてはチェックアウトの時にオーナーから聞いた話。

ちょうどその時お二人がレセプションに向かって来るところで、夫はほとんど「ああ、あなたの息子さんの大ファンです」なんて片手を差し出して近寄っていきそうな雰囲気。私はオーナーへのお礼もそこそこ「さあ、行こうよ」と夫がマチガイを犯す前にそこを離れることに成功。何がマチガイかって？　私の印象では、そのご夫婦はとてもプライベートな感じがしたのです。特にお母さんのほうが。息子のファンだと言われてうれしくないわけはありませんが、そこは「知っていても知らないふりをする」ほうがいいことだと思いました。夫は「エッ？マチガイって何？」と全く頓着ありませんでしたが、私の考えすぎだったのかなあ。

日本のロンドン・ガイドブックには「英国には賭けの店がどこにでもあり、とても一般的。サッカーなどのゲームの勝敗から王室の次に生まれる赤ちゃんの性別当てまで、何でも対象にしているので記念に一度入店してチケットを買ってみては」なんて提案しているものもありますが、旅行者は絶対に近寄らないことです。英国人だって、誰もが入っていくわけではありません。少しも「一般的」ではないのです。

お茶の間で、ミュージカル

《ブラックプール》（2004年）

「シャルウィ　ダンス？」は、1996年の周防正行監督のヒット作。

その頃、母は社交ダンスのクラスに通っていて、その母の勧めで一緒に見に行った。ブラックプールという地名を知ったのはその時だ。ダンスの殿堂というべき大きなホールがあり、世界一のタイトルを目指して、各国からダンサーが集まるというのもその時知った。

ブラックプールは英国の往年のリゾート地。スペインやフランスにこんなに気楽に行けなかった時代、庶民が夏のバカンスを楽しむ場所だった。そういう海沿いの町は今でも夏は人気だが、寂れた感じは否めない。小さな遊園地のようなものはあるが、ディズニーランドのようなエキサイティング！というものではなく、はんわかした感じ。だから小さい子ども連れには安心できるが、ティーンエイジャーを連れて行ってもふてくされるだけだろう。

ドラマの《ブラックプール Blackpool》は、そんな町をラスベガスのようなカジノとホテルを完備した一大エンタテインメント都市にしようという壮大な夢を持った男の物語。

すでに中心地の商業施設を所有し、町の名士でもあるリプリー・ホールデンは、着々と自身の目標に向かって布石を打っていた。ところが、予定地の敷地内で死体が発見される。捜査のため、商業施設は一時的に閉鎖に追い込まれ、そこへ追い打ちをかけるように、開発にゴーサインを出していた地元経済団体が難色を示し始め、投資家たちは金の返還を求めるようになる。これだけでもリプリーにとっては惨事なのに、10代の息子、ダニーのドラッグ使用疑惑が明らかになったり、20歳の娘、シャイアンのボーイフレンドが自分とさほど年齢が違わない男であることが判明したりと、身の回りでもゴシップ噴出。ダニーが「犯人は自分だ」と名乗り出るが、刑事のカーライルは「父親をかばっているのだろう」と、ますますリプリーに食いついてくる。しかもこの刑事、リプリーの妻を好きになってしまい、横柄なリプリーに不満を募らせていた妻は刑事との不倫に走ってしまう。

とにかく次々と問題が起こり、視聴者を飽きさせないのだが、私が最もこのドラマに魅了されたのは、「ミュージカル」という点だ。セリフをしゃべっていたかと思うと、突然歌って踊りだしたりする。しかもそれが、とてもこなれている。プロの役者なのだから当然と言えば当然なのだが、こんなドラマを日本では見たことがなかった私はウキウキした。

主演はデヴィッド・モリシー、その妻にサラ・パリッシュ。事件を担当し、本気で主人公の文を好きになってしまう若い刑事にデヴィッド・テナント。モリシーはすでに硬軟とりまぜた役を数多くこなし、俳優としての名声は確立している。サラ・パリッシュもベテラン女優。デヴィッド・テナントだけが、ちょっと遅れて来た俳優。このドラマをきっかけにブレイクした、と私は勝手に思っている。こういう「若手がある日ブレイクスルー」という瞬間を目撃すると、「この俳優は私が見つけた」という気分になって、後々まで応援したくなるから不思議だ。彼についてもそうだ。この後、彼はトントン拍子に出世していく。《ブラックプール》が２００４年。その翌年には「ドクター・フー」の主役ザ・ドクターを射止め、これでお茶の間に広く知られることになる。そして、ドラマや映画だけでなく、ロイヤル・シェイクスピア・カンパニーで「ハムレット」や「リチャード２世」などを好演し、気がついたらすでに大物俳優。

歌って踊るドラマ《ブラックプール》は衝撃的で、今でもたまにＤＶＤを見る。ミュージカル俳優でもないのに、姿カタチもごく普通なのに、歌や踊りを巧みにこなす出演者を見ると、妙に元気が湧いてくる。特に、主人公に翻弄される小太りの会計士がいい。背広姿でクィーンの「ドント・ストップ・ミー・ナウ」をバックに踊る。若手ではないけれど、彼のことも私が発見したと思っている。他のドラマで見かけるとうれしくなる。

高齢の新婚さん、いらっしゃい

❦《ラスト・タンゴ・イン・ハリファックス》（2012〜2016年）

自分の親が再婚すると宣言したら、どうしますか？

こちらに来て、西欧の価値観は「家族を作る」ことにあるらしいと思うようになった。結婚という形式にはとらわれないようだけれど、パートナーを見つけ、子どもを産み、群れを作り、子孫を残すということが一番大切だ、ということだ。とはいえ、子どものために離婚に踏み切れない人が多いと聞く日本に比べ、こちらでは相手に愛情を感じなくなれば割合あっさりと離婚を決意する人が多い。家族が一番と言いながら、やはり、まず自分なのである。ただ、離婚しても子育ての責任は分かち合うし、子どもへの愛情は変わらない。そして、自分がどう思うのか、感じるのかが大切だから、親でも子でも「個」の選択を尊重する。

《ラスト・タンゴ・イン・ハリファックス Last Tango in Harifax 》は子育てはとうの昔に終わり、孫がいる老いた男女が結婚し、新たな家族、親族が増え、それと共に持ち上がる問題も増えるという、笑いと涙と困惑が交じり合った等身大の現代の物語。

ハリファックスとは、英国北部、ウェスト・ヨークシャーにある町。そこである日ティールームで、連れ合いに先立たれた男女、アランとシリアが出会う。それが小学校時代の同級生で、当時、密かに互いに魅かれあっていた相手だとわかる。昔話に花を咲かせていくうちに、シリアの親友だった女友だちがアランとの仲を取り持つふりをしながら、ちゃっかり自分がつきあって妻にまでなっていたことを知る。

60年の歳月を経て、昔の恋心に火が灯る。シリアの結婚は経済的には恵まれていたが、あまり幸せではなく、夫が先に亡くなったことをさほど残念には思っていない。現在は、私立校の校長を務める娘キャロラインとその夫である売れない物書きジョン、2人の孫と同じ敷地内に住んでいる。アランは農場を持ち、夫に先立たれた娘ジリアンが後を継いでいるが、経済的にはそれほど成功しているとは言えない。お互いが独り身であることを知った2人はデートを重ね、そして結婚を決意する。

このドラマは単なる年配同士の再婚話では終わらない。シリアの娘婿は他の女性とつき合っているのを発見されて追い出され、キャロラインは自分が同性愛者であることに気がつく。同性を恋人に持つ母親に対して長男は理解を示し、次男は激しく反発する。勤務先の名門私立学校ではそれがスキャンダルとなるが、個人の自由は尊重されるべきだとキャロラインは粘り強く理解を求める。ジリアンは夫に先立たれているが、その死は積極的ではなくても「消極的殺人」ともとれる死に方で、アランにはそれに加担しているという後ろめたさがある。

こうした秘密を共有しながら絆も深まっていくのだが、シリアには娘の同性愛がどうしても受け入れられない。アランは「会うだけでも」と、パーティーでキャロラインの恋人ケイトに会う機会を設けるが、シリアはケイトへの嫌悪を隠さずパーティーの雰囲気をぶち壊してしまう。そんな狭量で激しいシリアを間近に見たアランは、結婚を白紙に戻したいと打ち明ける。

日本では親の結婚を子どもはどう受け止めるのだろう。暮らしぶりに差があれば、相続が気になるだろう。年金世代の2人で暮らしを立てていけるのか。どこに暮らすのか。お墓はどうするのか。実際に行動を起こそうとすると、家族を巻き込むこまごました、でも避けては通れない面倒な問題がいろいろありそうだ。それでも最近は中高年の婚活が盛んだと聞く。あるパーティー運営会社では、熟年のためのお見合いパーティーは10年前は月に1回程度だったものが、今では6回開かれるという。再婚の人もいれば初婚の人もいて、熟年の人生もいろいろだ。

英国の新聞には「恋人募集」のような、交際する人を求める人たちのための欄がある。女性が男性を、男性が女性を、あるいは同性同士が相手を探す手助けをする。限られたスペースなので、省略文字が使われる。たとえばＷＬＴＭ（Would Like To Meet）、ＧＳＯＨ（Good Sense Of Humour）、ＬＴＲ（Long Term Relationship）、ｎ／ｓ（non-smoker）など。自分については外見、職業、趣味などの一般的なものから、外交的、楽天家、正直、ロマンチストなど性格を表すものまでいろいろ。年齢は40代から70代まで幅広い。若い人はスマホのアプリで同じことをするのだろうけれど、アナログ世代には新聞がちょうどいいのではないか。購読紙が同じなら、思想や思考もある程度似ていると思えるから。

日本には「おひとりさま」という言葉がある。それは一人でいることを決して揶揄したり、否定するのではなく、肯定的にとらえようとしている。一人で食事をしようと、一人で旅行に行こうと、それが快適ならそれでいいじゃないか、一人でも快適と言える、思える社会が成熟した社会と言えるのではなかろうか、という意味だろう。私もその考えに半分賛成、半分はてなマーク。賛成なのは、私も一人でいることが好きだから。一人で過ごすという選択肢をいつでも選べる立場にいたい。半分のはてなマークは、一人が本当に喜びかと言ったらそれはわからないから。会社や団体、グループに所属する人が一人を選ぶのと、誰との縁もなく、それでも一人を楽しめるのかと言ったら、両者の間には大きな開きがありそうだ。もちろん、一人がイヤになったらまたつながればいいじゃん、と思うかもしれないが、一人を選んだ月日は思いのほか重く、おいそれとまた人とのつながりを作る能力が復活するとは限らない。

英国では2018年1月に「孤独担当大臣」が任命された。英国では、孤独は肥満よりも死に直結する恐ろしい病だと認識されている。年寄りに限らず、一人はいけない。孤独が心身共に病を誘発する大きな要因だから。

寿命が延びた分、独りで過ごさなければいけないリスクも増えた私たち。いろいろなことを楽しむ体力はあるのに、一緒に楽しむ人がいないというのはつまらない。家族と一緒に住めればいいけれど、そうではない老後も考えなければならない。結婚というギャンブルを中高年になってやってみる?

生涯一役。役者はツライね

《イーストエンダーズ》(1985年〜)


「おはなはん」なんて、知っている人はもうあまりいないんだろうな。

これは、私がドラマとして覚えている最初の番組。朝の連続テレビ小説で今でもテーマ音楽を口ずさむことができる。当時は半年ではなく1年で完結した。朝8時15分からの放送というのは、もう学校に向けて家を出ているはずの時間だ。それでも、以降の大谷直子、大竹しのぶ、浅茅陽子などを知っているということは再放送でも見ていたのか。

大学時代、私はテレビを持っていなかった。働き始めてからは、朝のドラマなんて全く見なくなった。そのうち、メディアで「マンネリ」「視聴率低下」などと言われるようになり、もう打ち切りになるのかなあと思っていたけれど、テコ入れを繰り返し、続いていますね。

《イーストエンダーズ EastEnders》は英国のマンネリか。でも、まだ続いているところも、時々「喝」を入れて視聴者に気を取り直させるのも一緒。ただし、こちらは舞台が１９８５年の初放送から現代に続いていて、ドラマも私たちの世界と同時進行で月日が移り変わっている。アルバート・スクエアというロンドン東部の架空の町での出来事を、テレビを通して視聴者も体験している、といった感覚だ。他人の家のゴシップを覗き見ている、という気分も入っている。当初は週２回放送だったが、今では週に４回。だから俳優もこれ１本で忙しいに違いない。ここに出てくる俳優を他のドラマで見たことはあまりない。でも、このドラマの色がつくことを「キャリアの危機」に感じて途中で抜ける人もいれば、抜けたけれどまた戻ってきた、という人もいる。

一番長い出演者はイアン・ビールを演じるアダム・ウディアットで、初回にティーンエイジャーで出演して以来、今もイアンを演じている。ただいま50歳。このドラマにしか出ていない。２０１６年５月に３０００回目の収録を迎えたというからテレビの内と外で２つの人生を歩んでいるといってもいいだろう。生涯、一つの役柄だけの俳優なんて信じられますか？ ある意味、偉業です。

物語はアルバート・スクエアを囲んで建つ何軒かの家の家族が主人公で、クィーン・ヴィクトリアというパブが町の中心だ。昼夜限らず、住民の誰かがそこで誰かに会い、密談や噂話に花を咲かせる。30年以上もやっていれば住民の中で世代交代も起こり、イアン・ビールのように少年が青年になり、結婚して離婚して子どもを育てるなんていう普通の人生が営まれている。

狭い町内の人間関係はとても密接で、隣同士でいがみ合ったり、それを仲介する人が現れたり、恋人同士が別れたり、くっついたり、不倫や結婚、離婚、空き巣や殺人も起こり、世の中で起きるすべてのことが、アルバート・スクエアでも起こる。ただ、小さい町にしてはドラマチックなことが起こりすぎるけど。

ストーリーにはタイムリーに現実的な話題が盛り込まれることもある。たとえば家族や身近な人の死に見舞われたら、小児性愛者の犠牲者になったら、家庭内暴力に苦しんでいたら、シングルマザーになってしまったら、不登校の子どもを抱えたら、などなど。そういうことを取り上げた回は、最後にそれについて相談できる窓口や団体の名前と連絡先が提示される。一人で悩んでいないで相談しなさいと促すのだ。

アルバート・スクエアの生活が英国の平均的な暮らしなのかというと、私にはよくわからない。収入、教育、モラルの差があまりにも激しいので、「平均的」というモノサシが何かを理解するうえでほとんど役に立たない。ヒトでもモノでも一般論で語ってはいけないが、英国は特にそれが困難な国だと感じる。

《イーストエンダーズ》では日本で言うサラリーマンはほとんど出てこない。スーツを着たビジネスマン風も出てはくるが、だいたいが町内のカフェやフィッシュアンドチップスの店員やオーナー、コインランドリーの店番、パブの店員、シングルマザーなどだ。それでもそここの家に住み、子どもを育て、普通に生活している。日本だったら、大黒柱がそういう仕事についていたら、掛け持ちで仕事をこなし、それでも一軒家に住むのは困難だろう。子育てに援助が厚い、福祉が充実しているともいえるけれど、大学を卒業したらほとんどが企業に就職する日本から来ると、その違いにちょっとびっくりする。

一方、ロンドンのシティと言われる金融の都では億単位の年収を稼ぐ人たちがいる。「格差が問題だ」という日本の政治家を見ると、「この人たちは外国のことを勉強しないのだろうか」と不思議に思う。最近は日本でも格差が取り上げられ、話題になりつつあるようだけれど、これによって諸外国ほど格差が「あるわけではない」こともわかるようになったのではないか。どんな環境にあっても「格差」を声高に言う人は必ずいる。でも、努力によって生まれた格差なら受け入れなくてはならないし、日本の格差はまだその範疇にあるように思う。

この《イーストエンダーズ》、さすがにセットが老朽化し、改築の申請が出ている。34年の間には安全性に対する法律も変わってそれに合った構造物が求められ、セットに改築や応急処置を施したことでHD（高品位テレビ）の水準に達せず、未だHDでは収録できていないという現実もある。ところが計画を先延ばしにしてきた結果、２０１６年の計画当初は５９００万ポンドの見積もりだったものが、２７００万ポンド超過の８６００万ポンドかかる見通しとなり、論議を呼んでいる。ＢＢＣは公共放送で、視聴者から徴収するテレビ・ライセンス料が基となるので、事業の執行には監査機関が目を光らせる。「そのお金の使い方、正しいのか」。もし新しいセットの建築が予定通り着手されれば、２０２３年に完成し、人々に親しまれている部分を残しつつ、21世紀らしいアルバート・スクエアがお目見えするという。

《イーストエンダーズ》のようなロングラン・ドラマはほかにもある。《エマーデイル》と《コロネーション・ストリート》。前者は田舎の農場が舞台で１９７２年からの放送。後者はマンチェスターのとある町が舞台で１９６０年からの放送。３つの中では一番古い。１９６１年放送開始のＮＨＫ連続テレビ小説といい勝負だ。いつ打ち切りになるのだろうと思っていた番組を、英国に来て、見る機会がある。サテライト放送を録画して回してくれる親切な人がいるのだ。これまでに「あまちゃん」、「マッサン」、「とと姉ちゃん」を見た。思ったよりとてもおもしろかった。毎日、決まった時間に見るのは大変だけど、一気に見ることができるのはストレスがなくていい。スリルもサスペンスもなくて、ほっとする。

スパイに会いに行こう

❦《スプークス》（２００２〜２０１１年）

ロンドン名物って

旅行に行くと、その土地の料理や菓子が楽しみだ。

仕事で沖縄に行ったときは、ヤギ汁、中身汁、ミミガー（耳皮）、島豆腐、豆腐よう（豆腐を紅麹と泡盛につけた発酵食品）など、その土地ならではの味のオンパレードで、それらを泡盛を飲みながらいただくと、さらにさらにおいしかった。帰京後、そんな沖縄をまた体験したいと、都内の沖縄料理店に行った。さすが沖縄出身の人が作っているだけあって、本場の味なのだが、なんとなく物足りない。たぶんそれは、そこが沖縄ではないから。あの料理には沖縄の気候も、その家屋も、空気も、すべてが入っていたのだと思う。そんな、ご当地のものはご当地で、というのは食べ物だけではなさそうだ。

《スプークス Spooks》は英国ＭＩ５（秘密情報部、国内治安維持）の諜報局員が活躍するスパイ・ドラマ。ＭＩ６とは反対側のテムズ河畔に建つ本部が、彼らの仕事場だ。チームのヘッドは40歳代のハリー・ピアース。独身ですべてを仕事に捧げている。そして彼の下にはフットワークの良い、腕に覚えのある、ＩＴにも強い、優秀な部下が揃っている。エスピオナージュやミステリーが大好きで、ちょっとのことでは胸躍らない私が何にそんなに惹きつけられたのか。それは脚本が現実に起こること、起こったことにシンクロしていたから。テンポが速く、緊張感のあるプロットと畳みかけるような展開、そして魅力あるキャラクター。「こんなにおもしろいドラマが英国にはあるのか」と大ファンになった。

英国は、日本に比べると政治的な活動、事件が多い。環境問題、野生動物、税金や補助金などへのプロテストやデモがあるし、テロリストによる爆破事件も他人事ではない。そうした「ああ、こんなことあった」というエピソードが、まだ記憶が新しいうちに取り上げられ、加工され、手に汗握るドラマとなって甦る。

ある爆破事件を取り上げたシリーズのときには、「ドラマ収録時にはまだ起きていなかっただろうに」というくらい先を読んだ脚本だった。人気のあるキャラクターも惜しみなく殺し、予想を裏切る「エエッ?!」という展開に本当にワクワクした。友人にはスパイ小説ファンもいるので、「見せてあげたいなあ」と思った。そうしたら、ある午、日本に帰ったときにＢＳで放送しているのを発見。日本名は「ＭＩ-５」だった。

「ああ、これで日本語字幕でもう一度楽しめる」と思ってチャンネルを合わせたのだけれど。

がっかりした。吹き替えだったのが第一。そしてプロットに少しも現実味がなく、英国で見たときのワクワク・ドキドキ感がまるで感じられなかった。それは日本という「こんなこと起きるわけがない」という場所で見たからではないか。《スプークス》には英国の諜報員の歴史と、国際的陰謀がうごめくロンドン、そして石造りの街の陰鬱な天気という調味料がふんだんに入っているのだ。

２００２年にスタートした《スプークス》はシリーズ10まで作られて、２０１１年に終了している。最後のシリーズで、ハリーは心ひそかに思いを寄せていた部下の女性を任務遂行中に殺され、打ちのめされ、ＭＩ５を引退してしまう。生涯を捧げた仕事を辞めてしまうほどのショックを受けたハリーの、その後を追うエピソードがそれから5年経って作られた。シリーズから引き続きの出演はハリー・ピアースと彼を陰で助けるＩＴのエンジニアだけだけれど、おもしろさに変わりはなかった。

スパイ・ドラマは英国の特産品と言っていいだろう。でも、英国には「この土地ならでは」という食べ物が全くと言っていいほどない。旅行をしても、ここに行ったらあの店のあれを食べようという期待感がない。私の知っている限り、唯一、ここにしかないというのは湖水地方のジンジャーブレッド。これは素朴で、おいしい。英国には日本のような土産物屋もない。日本だと観光地となれば狭い道の両側にどれも同じような土産物店が並ぶが、そういうケバケバしさがここでは皆無。それはとてもいいと思う。

人気俳優と大物作家

《ナイト・マネジャー》（2016年）

大学生の頃、文士劇を見に行った。
どういうきっかけだったか忘れてしまったが、作家たちが作っている素人劇団の公演があるというので、母と見に行った。私は遠藤周作の大ファンで、その時も彼を目当てに出かけたのである。演目も、どんな人が出たかも今ではあまり覚えていないが、劇に期待するのではなく、ハプニングを楽しみに出かけ、その期待は裏切られなかったことは覚えている。普段、活字でしか知らない人を「ああ、こんな姿をした人だったんだ」と発見する楽しみもあった。

俳優でも作家でも、有名人がちょい役でドラマなどに出ることを英語で「カメオ」と言う。自分の原作のドラマや映画に、作家本人が出ることもそんなに珍しいことではない。ヒッチコックが有名だけれど、松本清張なんかも出たことがあった。英国でそんな遊び心を見せてくれたのが、ジョン・ル・カレ。スパイ小説《ナイト・マネジャー The Night Manager》の全6回の放送の中で1回だけ、レストランの客として、セリフも一言ある、そうそうたる役者たちの中に交じっての勇気ある出演だった。そして、心をワシづかみにするような英国人俳優に出会ったのもこのドラマ。

役柄と役者がとてもマッチして、化学反応を起こしたかのようにチリチリと磁力と魅力を発揮したのです。彼の名前はトム・ヒドルストン。演じるのはエジプトにある高級ホテルの夜勤のフロントマン、ジョナサン・パイン。勤務中にエジプトの有力者ハミドの愛人ソフィーの目にとまり、彼女を通じて武器商人リチャード・ローパーの違法な武器取引の証拠を手に入れる。ローパーは表の顔はチャリティーに熱心なビジネスに成功した篤志家だが、その裏では貧困を食いものにし、世界の紛争で利権をあさる人物。エジプトに住み貧困と戦争の悲惨さを知るパインは、その情報を駐エジプト英国大使館の知人に渡すが、それがもとでソフィーは殺される。

数年後、パインがナイト・マネジャーとして働いているスイスのホテルへ、ローパーの一行がやって来る。ソフィーの復讐を誓うパインは、立場を利用して再び情報を手に入れ、それを機に英国諜報部の下部機関のために働くことになる。スパイとなったパインは過去を書き換えて偽りの身分証を手に入れ、ローパーに接近を図り、マヨルカで起きた誘拐事件で息子ダニエルを助けることでローパーの信頼を獲得する。しかし、ローパーのためなら命も捧ぐというほどの忠誠心を持つコーキー、パインに最初から懐疑的なフリスキー、何か秘密を抱えていそうな愛人のジェドなど、ローパーの暗いビジネスの核心に迫るには幾重にも張り巡らされた罠や網や暗示を潜り抜けなければならない。はたして、パインはローパーを出し抜いてソフィーの仇を打つことができるのか。原作は１９９３年発行だけれど、テレビでは「アラブの春」に舞台を置き換え、臨場感のあるドラマになっている。

パインを演じたヒドルストンは、2012年にBBCの歴史ドラマでヘンリー5世を演じているが、茶の間で一気に名前が広がったのはこのドラマの役割が大きいのではないだろうか。映画では「アヴェンジャーズ」、「マイティ・ソー」が挙げられるが、劇場にも足を運ばない一般の人たちの心をこのドラマで一気につかんだ、と私は感じている。この役をきっかけに次期ジェームス・ボンドの呼び声も高く、黒人で初めてイドリス・エルバがなるのか、女性のボンドが誕生するのか、という話題と共に注目を集めている。

海外のスパイ小説やハードボイルド、ミステリーが大好きで、ル・カレも気になる作家の一人だった。『ティンカー・テイラー・ソルジャー・スパイ』、『寒い国から帰って来たスパイ』、『鏡の国の戦争』などを読んで、その世界にどっぷり浸った読者である。でも、今読み返すと「おもしろいけれど、古くさい」。最初に読んだ当時は米ソ冷戦真っ只中で引き込まれた。しかし時代は変わり、今はサイバー戦争の時代である。ところが、このドラマによって解釈次第で、脚本家次第でプロットは時代遅れにはならないのだということを教えられた。

私の中ではル・カレは古典に属するので、まだ生きていて現役だったことに驚いた。御年87歳。しかも、その彼がドラマに出てきたのです。これは、ずっとファンだった俳優に、出会い頭にぶつかったようなもので、胸のときめきはホシ5つ。

これに似たようなことは他にもあって、英国に来てよかったと思う数少ない喜びのひとつだ。テレビで、コメンテイターとして発言しているイアン・ランキンを見て、文芸フェスティバルでP・D・ジェイムスやヘニング・マンケルを間近に見て、有頂天になった。私が住んでいる町はロンドンから電車で1時間半はかかる田舎町だが、そんなところでも年に一度は文学界の人気作家が集まるフェスティバルがあり、トークの後にはサインをしてもらいながらちょっとお話もできて、そして写真も気軽に撮らせてくれる。好きな作家との距離が物理的にも精神的にも、とても近くなる。

英語の本を日本語のように楽しむというわけにはいかないけれど、「あの本」の「あの人」が「そこ」にいるという体験は貴重で、インターネットにはない、同じ空気を吸っているという喜びを味わうことができる。

ロシアからの暗殺者

❦《マックマフィア》（2018年）

やくざという言葉を、あまり聞かなくなった。「暴力団」と呼ぶのが一般的だ。しかし「ヤクザ」は「日本のマフィア」を表すにはわかりやすい言葉らしく、「ツナミ」と同じように英語になっている。そして、グローバル化の波はこの世界にも押し寄せ、外見も稼業も洗練され、行動範囲も動くお金もケタ違いになっているらしい。

《マックマフィア McMafia》は裏の社会を描いたドラマで、ジャーナリストのミーシャ・グレニーが世界のマフィアを自ら取材して著したノンフィクションが土台になっている。マフィアの組織はマクドナルドのように世界中に散らばり、独立しているようでいて横のつながりもあるチェーン店のようなもの、という意味がタイトルには込められている。

主人公のアレックス・ゴッドマンは背が高く、ハンサムで、スーツがよく似合うロンドンで活躍するファンド・マネジャー。父親のディミトリはロシア系ユダヤ人で、母国での抗争に負けて英国に亡命中の元ロシア・マフィアのボス。すでに気力・体力が衰え、酒浸りの日々。「ロシアに帰りたい」というのが本音で、金はあっても英国の暮らしが楽しめず、「死んでしまいたい」。アレックス本人は英国で教育を受け、ロシアとは何も関係がない。父親の過去とは一線を引き、ビジネスマンとして成功したらいずれは父親の願いを叶える日も来ると思っている。長男としての責任感も強く、母親と妹のことを気にかける。ところが、ディミトリのためを思って弟ボリスが、宿敵ヴァディム・カリャーギンを暗殺しようとしたことで、事態は急変する。

一命を取りとめたカリャーギンは復讐に乗り出す。彼が仕掛けたフェイク・ニュースによってアレックスは顧客を次々に失い、業績は暗転する。そしてある日、目の前で大好きな叔父のボリスが殺される。父の命まで狙われかねないとなって、アレックスは停戦を申し入れにカリャーギンのもとを訪れる。しかし、それは表向きの話。同時進行で、亡き叔父に紹介されたユダヤ系イスラエル人と手を組み、世界中の裏社会とつながって、着実に復讐の足場を固めていく。シティで働く普通の金融マンが、ドバイでのマネー・ロンダリング、インドでのサイバー・クライム、ザグレブでの闇取引、コロンビアでの違法ドラッグへと手を染めていき、明るかった好青年が冷血なマフィアのボスになっていくさまがよく描かれている。

そして、このドラマが終わった頃に起きたのが、ソールズベリでの亡命ロシア人スクリパリ父娘の暗殺未遂事件だった。２０１８年3月初め、公園のベンチで意識不明になっている２人を通りがかりの人が見つけ通報。原因はノヴィチョクという神経ガスの一種だったことが判明する。これは過去10年の間にロシアが製造、貯蔵していた物質で、犯行はロシアによるものだと英国政府は発表したが、ロシア側はバカげた話だと一蹴した。しかし12年前の２００６年、アレグザンダー・リトビネンコという亡命ロシア人がやはりポロニウム２１０という毒物によって暗殺されている。毒物の汚染経路をたどることによって、英国は犯人はロシア諜報機関の人間であることを突き止めているが、もちろんロシアは否定した。英国で2件も暗殺事件が起きたのだから、両国の関係が悪化するのは避けられない。数名の駐英国ロシア大使館員が強制退去になっている。

そして、コトはこれで終わらなかった。7月、今度は英国人のカップルが次々と倒れ、病院に運ばれた。ノヴィチョクだった。散歩中に香水のビンを拾い、持ち帰ったところ被害にあった。3月の暗殺実行犯が捨てていったものと思われるが、この件では男性は命を取り留め、女性は亡くなった。監視カメラの映像から、2人組のロシア人が暗殺犯として特定された。彼らはその後、ロシアのテレビ・インタビューに応じ、「我々は民間人で観光に行っただけだ」と釈明。でも公開された写真からは、違う物語が透けて見える。

ガトウィック空港に到着した2人、ソールズベリ駅の時刻表で下見をしている2人、ロシア人親子の家の方向からリラックスした様子で戻ってくる2人、そしてヒースロー空港から出発する2人。到着してから離陸するまで2泊3日。いったい英国でどんな名所を見たのだろう。しかも後日、2人のパスポートは偽名で元諜報機関の人間であることが英国によって確認されている。

英国にはロシアからのお金持ちがいっぱい住んでいる。プーチンと対立して亡命してくる人もいれば、ロンドンを含めて世界中に不動産を買って、ジェット族の生活を満喫している人もいる。英国の上位名門校はそんなロシア人の子女がいっぱいだ。サッカーのプレミアリーグ、チェルシーを所有しているのもロシア人。彼の場合はヴィザの再発行を英国当局に拒否されて、イスラエルの市民権を得たとか。プーチンとの関係も良好らしい。大金持ちになってプーチンに好かれる人、嫌われる人。暗殺も国家として図ればスパイで、個人で実行したらマフィア？

ドラマと現実が錯綜して、クラクラしてきます。

女を怒らせてはいけない

消えた夫に乾杯！

❦《ガールフレンズ》（2018年）

桐野夏生さんの「アウト」という小説は、女友だち4人が殺人を隠蔽するというミステリーだった。女性4人はそれぞれの生活で問題を抱えていて、その中の一人、弥生はギャンブル好きの夫の暴力に耐えていたが、あることが引き金となって夫を殺してしまう。それを知った職場仲間の3人が殺人を隠蔽しようと協力する。小説は4人が抱える出口のない悩み、やくざやヤミ金融の裏側も垣間見えて、全体的に暗く、やるせない。

ドラマ《ガールフレンズ Girlfriends》の主人公は、60代の女性3人。スーはブライダル雑誌の編集長。共同設立者の男性ジョンとは不倫関係だったことがあり、未婚で息子をもうけている。ゲイルはお金のない生活にちょっと疲れた、家族思いのおばあちゃん。犯罪歴のあるプータロー息子を持ち、その息子と折り合いの悪い2番目の夫との離婚が進行中。リンダは子供たち2人から結婚30周年のクルーズ旅行をプレゼントされ、3人の中では一番幸せそうだ。しかし、そのクルーズ中に泥酔した夫が海に落ち、死体が見つからないまま、区切りをつけるために葬式を行うところから物語は始まる。

夫を失って気落ちしたリンダを励まそうとするスーとゲイル。しかし、「実は、私が殺したの」というリンダの告白を聞いて仰天。夫のミッキーが些細なことで激高し暴力を振るう、外面だけが良い男だったことを初めて知る。罪悪感と開放感の間で精神がすり減っていたころ、スペインの海岸に死体が上がったという連絡が入る。確認のために現地へ向かう3人。損傷した死体をリンダはミッキーだと認める。すると、死んだと思っていた夫は現地のバーで弾き語りのシンガー、レイモンドとしてピンピンしていた。借金漬けだったミッキーは生前の自分に未練はなく、リンダに保険金をせびる。そんな夫に生涯悩まされたくないリンダは、スーとゲイルの協力を得て再殺人を計画する。

一方、私生活に問題を抱えていたのはリンダだけではない。おしゃれで自分の外見に自信を持ち、仕事も順調に見えたスーは、実はジョンから「キミのアイデアはもう古いし、キミ自身ブライダル誌の編集には年を取り過ぎている」と言われ、編集部から異動させられそうになっている。カンカンになったスーは、弁護士になっている息子アンドリューの助けを得て、ジョンと会社を訴えようと準備を始める。

そんな慌ただしい中、アンドリューから「実はゲイである」ことを告白され、すでにパートナーとの間に子どもがいることも判明する。しかも、スーの両親はそれを承知していて、知らなかったのは自分ばかりであることに衝撃を受ける。

ゲイルの苦境はそれほど秘密でもない。息子が服役中なのは皆が知っているし、それゆえ、所の世話に忙しいゲイルの日常もわかっている。そこへ服役中の息子が足にタグをつけて出所してくる。同時に母親が痴呆症を患っているらしいこともわかり、この二人によってさまざまな騒動が引き起こされる。しかも息子と現在の夫とは仲が悪く、夫婦の間にはまだ愛情があるのに離婚話がでている。

それぞれの問題を抱えつつ、女友だち3人は再びスペインへ出かけて行き、今度はミッキーを殺すことに成功する。現地で買った大きなスーツケースに遺体を入れ、クルマまで運ぼうとする3人を見て「大変そうだね」と手伝ってくれる男性。「ウワッ、重いな。死体でも入っているんじゃやない？」。

エンディングはミッキーから解放され、晴れやかな笑みを浮かべて船のデッキで乾杯する女3人。すると、海底からプカッと浮き上がるミッキーの死体が入ったスーツケース。祝杯を挙げる彼女たちに暗さや後悔はまるでない。それよりも、友人の新たな人生を祝う気持ちでいっぱいだ。スーにもゲイルにも解決すべき問題があり、リンダの殺人だってこのままでは済みそうにない。「続きをお楽しみに」という終わり方だった。

夫の家庭内暴力に耐え切れず殺人に至るという事件は現実にも起こっている。ニュースで流れたその夫婦の写真は仲睦まじい。肩を寄せ合い、妻はニッコリ笑っていて幸せそうだ。しかし現実は、コントロール・フリークの夫に何から何まで指図され、自信を失わされ、精神的な虐待を受けていたということが息子の証言で明らかになった。最初は終身刑で最低22年は出獄できないという判決だったが、それが4年にまで減刑された。しかし彼女はその結婚生活ゆえに精神的に不安定で、躁うつ病にかかっているという。

死体のない葬儀をして、それが保険金詐欺と判明する事件も起きている。発端は、カヌーで海に出て行った夫が帰ってこないという妻の通報だった。大捜索が行われたが遺体は見つからず、死亡ということで葬儀を出し、保険金も受け取った。ところが1年後、死んだはずの夫が突然帰って来る。それまで妻は、本当に夫の死を信じていたらしい。夫婦は一緒に暮らし始めるが、すでに独立していた二人の息子にはその存在を隠し通す。

しかし隠れ疲れたということだろう、ある日夫は記憶喪失を装って警察に出頭する。「5年ぶりに生還した男」。英国中が注目することになる。妻は「生きていたなんて！　本当にうれしい！」。しかしその妻は、夫出頭のほんの3か月前、すべての不動産を処分してパナマに移住していた。警察が、メディアが、疑いの目を向けるには十分なタイミング。そして、あるタブロイド紙の記者が、パナマの不動産業者のウェブサイトで「とても良い買い物をしたとお喜びのお客さま」としてニッコリ笑う夫婦の写真を見つける。彼らはそれまでにもパナマでずいぶん投資をしていたらしい。結局、死を偽装したことと保険金詐欺等で逮捕され実刑判決を受ける。騙されていたと知った息子たちには縁を切られる。

不動産屋さんのセールスマンとニコやかに写っている写真を見ると、バレないと思っていたんだなあと、そのお気楽さ加減にちょっと笑える。わが家は私の方がイバッているので、精神を病むとしたら夫の方か。いい気になって、トラの尾を踏まないようにしないと。

友情と愛情、さあ、どっち？

❦《クリーク》（２０１７年～）

友だちは多いほうがいい。

というのは、本当だろうか。小学校の頃はそう思っていた。「誰とでも仲良く」、「みんなで遊びなさい」。誰かと一緒にいれば「私には仲良しがいる」と確認できたような気がして安心した。では、それで居心地がよかったかというと、そうでもなかった。

《クリーク Clique》は、子供の頃に失ったと思った友情が、大人になってゆがんだ愛情となって犯罪をからめて蘇ってくるというお話。小学生の頃、ホリーは小さなグループのボス的存在だった。しかし、彼女が計画したある出来事で友人の妹が死亡したのをきっかけに、全校の生徒、父兄から背を向けられ、ひとりぼっちで罪悪感たっぷりの子供時代を余儀なくされる。

そんな中で「私は、あなたの友だちよ」と言ってくれたのがジョージア。2人は固い友情で結ばれ、同じ大学に進学する。

寮に入り、新入生歓迎パーティーに出かける2人。すると、そこにはひときわ洗練され、大人びたグループがいた。彼女たちは学生でありながらあるプライベート・バンクのインターンに選ばれ、卒業すれば正社員の道が約束されている優等生集団だった。ジョージアはそのグループにすっかり魅了され、一員になろうとすり寄っていく。しかし、メンバーになるためにはある講義を受講して、教授の推薦を受けることが不可欠。プライベート・バンクはその教授の兄が経営者で、優秀な人材を妹の授業を通して集めていたのだ。前のめりのジョージアを心配してホリーは止めようとするが、「私に嫉妬しているの？」と反発を招くばかりなので、自分もその仲間に入るべくコースを取り、インターンに選ばれる。

しかし、優等生集団の一人レイチェルが欲しかったのはホリーだった。実は、レイチェルは小学生の時のホリーのグループの一員で、ずっとホリーが大好きだった。友人の妹の死も、ホリーを取られまいとレイチェルがそそのかしたようなもので、今、同じことがジョージアの身にも起ころうとしている。

世の中には、群れを作るのが好きな人たちと、そうではない人たちがいる。友人は一生の宝だけれど、子供の頃の友情は壊れやすく、ちょっとしたきっかけで仲間はずれにされるから、安心していられない。「私は一人でもいいの」と思っても、それは不自然だし、不自然であることは本人が一番知っている。群れを作りたい人は、結婚も早かったような気がする。友人という群れはいつかは離れ離れになる。でも、家族という群れはたぶん一生続く。そういうつながりを早く作りたかったのではないか。

私は友人は少なくてもいいから、長く続く交友があればいいと思ってきた。でも、長く続けるというのはお互いの努力が必要だ。人が持っている時間は1日24時間。交友関係を維持し、メインテナンスをしていくにはそれなりの時間がいる。だから人数もそれなりになる、というのが私の感じ方だ。友人には妻、母をやり、その上に仕事や親の介護で忙しい人が多い。でも、たまにメールやハガキをいただくと、とてもうれしい。「あ、たまには私のことを思い出してくれるんだ」。自分の筆不精を反省し、そして、次はいつ会えるかなと考える。

ところが英国人を見ていると、成人してから学生時代の友人に会うというのがあまりなさそうなのだ。私なりに理由を考えてみた。まず、大学入学と同時に親の家を離れるので、それまでの友人関係が拡散してしまう。唯一例外なのが交際相手。これが2番目の理由。10代の頃からボーイフレンド、ガールフレンドがいるから友人を作るヒマがない、と言うのは言い過ぎだけど、当たらずとも遠からず。つまり、「仲良し」よりは「愛してる」が大切なのだ。姪などを見てもボーイフレンドべったりで、「女の子といつ遊んでるの？　遊びたくないの？」と不思議だった。思春期の頃のおつきあいがそのまま続いて結婚に至るカップルも多い。「エッ?!　その後の人生で彼より（彼女より）魅力的な人に出会わなかったの？」と思うけれど、一度カップルが出来上がると周りも認めて近寄らず、お互いをお互いでしばって新しい出会いにも目をつぶる、ということになるらしい。

「友情」よりも「愛情」。だからその関係にときめきがなくなったら、離婚を決意。でも、こちらでは「性格の不一致」は離婚の理由としては認められない。早く離婚したいなら事前に打ち合わせて、どちらかが「浮気」をしたことにするのが一番手っ取り早い。

誰かが言っていました。「日本社会は、疑似ゲイ社会だ」と。確かに日本は同性同士で行動しても誰も怪訝《けげん》には思わないし、不都合もない。女同士でランチをして、夜も話題のレストランに出かけ、帰りにバーで一杯やったとしても、それは普通だ。国内旅行も、海外旅行も女同士で出かけて行く。男が二人でレストランというのは滅多に見ないから、男の人にとっては女友だちがいないというのは世間を狭くするかもしれない。でも、女の人にとって日本は天国だ。夫が稼いでいるであろう昼間、三越のライオン前で待ち合わせ、豪勢なランチを楽しむおばさまグループを私はいっぱい見た。

英国では食事はいいとしても、バーに女同士で行ったら、たぶん男を探しに来たのだろうと思われ、面倒なことになりそうだ。

「愛情」優先の英国に来て、「友情」の大切さについて考える。

女の働き方改革

❦《リプレイスメント》（２０１７年）

私の世代は、「選択」の世代だったと思う。結婚か仕事か。それを越えると仕事か子供か。「どっちも！」と言ってみればよかったのかもしれないが、両方を持つなんて「自分の能力が追いつかない」と思い、「システムが整っていない社会が悪いんだ」とは思えなかった。男性社会の都合のよさに洗脳されていたのだろう。だから、ソウル五輪で活躍したアスリートのフローレンス・ジョイナーが、化粧とマニキュアをバッチリ施し、しかも結果を残したことに、ちょっとした妬ましさと「ついに出た」という気分を味わった。研究やスポーツに没頭しているからといっておしゃれに目をつぶる必要はないし、女性だって、仕事も結婚も子供も「全部！」と言えばいいのだ。どれを取るかは、それを言ってから決めればいい。

産休がキーになるドラマ《リプレイスメント Replacement》に出てくる女性の心情を、男性はよくわからないかもしれない。舞台はグラスゴーの新進気鋭の建築設計事務所。陽光がさんさんと差し込む、スタイリッシュで快適なオフィス。大きな賞を受賞し、会社の名声アップにも貢献した若い女性建築士エレンが産休を取ることになった。その間、彼女の仕事を引き継ぐことになったのが一時雇用のポーラ。優秀で人当たりがよく、最初はエレンも「いい人が来てくれた」と喜んだものの、次第に疑心暗鬼になっていく。自分がいない間にポーラが仕事や同僚、クライアントの心をつかみ、自分の人生を横取りするのではないか。だんだんそれが高じてパラノイアのようになっていき、上司やクライアントの心が離れていく。そして恐れていたように、ポーラの評価、存在はどんどん高くなっていく。

そのポーラには、誰にも言っていない秘密があった。実はひき逃げ事故で娘のカリスを亡くし、それが深いトラウマになっている。だから、子育てと仕事を両立しようと頑張るエレンを応援し、励ますように見えるけれど、実は早く職場復帰しようというエレンに批判的で、子どもを持つエレンに嫉妬もしている。

そんなある日、上司の一人が工事現場の高所から落ちて死亡する。皆は自殺と判断するが、エレンはポーラの仕業だと考え、一人で真相究明に乗り出す。最初は産休を取る人とその交代要員の張りついた笑顔の心理戦だが、深層にはもっと別の問題が潜んでいるということが明らかになる。

産休と言えば、先生がすぐ思い浮かぶ。小学生だったから二人を比べてどうということはないのだけれど、代理の先生が怪談を話すのがとても上手で、それを聞けなくなったときに残念だなあと思った。私が働いていたころも産休を取る人はいて、その間の仕事をバトンタッチで引き受けたことはあるが、「あわよくば、自分がこのクライアント担当になってしまおう」なんてことは考えたこともなかった。むしろ通常の仕事にプラスされるわけだから、同僚が戻ってくるのを待っていた。そういう点ではエレンのように、外から新鮮な人材が乗り込んでくるというほうが危機感があるかもしれない。

90年代以降の「失われた20年」の就職難とは比べものにならないけれど、私が卒業した頃も就職は厳しかった。特に女子は「嫁入り前の腰掛け」と思われていて、キャリアのための就職け難しかった。そんなとき、一部上場企業の役員になっていた卒業生の「講話」があった。「犬のように働け」という言葉だけが私の中に残った。女が評価されるためには「犬」のように働かないといけないんだ。若い柔らかい心に、その言葉は烙印のように残った。

そしてやがて「男女雇用機会均等法」ができ、「男女共同参画社会基本法」が生まれた。これらは私にとっては女の働きは「まだ足りない」、「もっと働け」、「もっと頑張れ」と言われているようで、少しも励まされる響きはなかった。政府は、社会は、本当に女性の社会進出を期待しているのだろうかと疑問だった。「男女家事機会均等法」とか、「男女共同参画家内法」でも作ってくれよ、と思っていた。

子どもを産むのは生理的に女にしかできないのだから、それに対する特別の待遇というのは当然だと思う。それをやって、なおかつ「男と一緒の働きをしないと評価しないぞ」というのけ、それこそ性差別というものだ。機能が違うのだったら、それによっていろいろなことを案分するのがインテリジェンスなのではないだろうか。だから今、少子化に苦しんでいる。

復帰を前提にした産休、育休は自分のキャリアの方向を見つめ直すいい機会になるだろうが、近年話題になる、介護か仕事かという選択はなかなか将来が描きづらい。「どっちも」と言って続けるには、体力も気力も金力も相当必要だ。年齢を重ねると、選択はだんだん重くなってくる。

犯罪ドラマから、人生を考える

探偵は、見た目が大事

❦《シャーロック》（２０１０〜２０１７年）

女性は見た目だけでは恋に落ちない。

だから、「へえー、なんかオヤジに見えるけど」とか「ちょっと髪型が」とか、恋の偏差値が低そうに見える男性でも、案外モテ男だったりする。たいていの女性にとってハンサムかそうでないか、若いか年寄りかはあまり関係がない。

《シャーロック Sherlock》は、日本人にもおなじみの探偵シャーロック・ホームズが活躍するドラマ。私も子供の頃に読んだ。原作はコナン・ドイル。19世紀の終わり頃に書かれた本だから、本来ならとても古臭くて、現代のスピードには全く合わない。ところが２０１０年、《シャーロック》としてドラマ化されると、一躍大人気となった。

シャーロックを演じるベネディクト・カンバーバッチは、これですっかりお茶の間の人気者。舞台では高い評価を得て、すでに実績もある俳優だったけれど、テレビドラマで主役を演じたのはたぶんこれが最初で、さらなる飛躍のきっかけになった。日本でも２０１１年にシリーズ1が放送されたのを皮切りに、すべて公開されている。

登場人物はほぼ原作通り。ホームズ、ワトソン、ホームズの兄のマイクロフト、下宿先の女主人ハドソン婦人、ホームズに援助を求めるレストレード警部、悪役のジム・モリアーティ。そして、「アフガニスタン戦争で負傷して帰還したワトソン博士」というのも原作そのまま。それが現代でも通じるところがアフガニスタンの不幸でもあり、このドラマの幸運な点でもある。ちょっとした原作との共通点は古いファンを喜ばせる。

背景はすっかり現代にシフトしている。ケータイ電話やインターネットがドラマに溶け込み、ホームズは21世紀に復活したのだ。事件の記者会見場、レストレードが警察の見解を述べていると「違う！」というテキストがホームズから記者のケータイに一斉に入ったり、被害者の残したメッセージがＧＰＳを追跡するためのコードになっていたり、ＵＳＢメモリが活躍したりと、テンポの速い展開で見る側はのんびりしていられない。

でも、ちょっと理屈が勝ち過ぎていて、ムリを感じたのは私だけだろうか。第1シリーズは文句なく楽しめたのだけれど、爆発物を巻きつけられたワトソンの窮地の脱し方があっけなかったり、死んだはずのホームズが蘇ってきたり、幸せな結婚をしたはずのワトソンの妻が実は裏切り者だったりと、なんだか「ウラをかこう、ウラをかこう」という製作者側のハナイキの荒さが、ホームズの奇知を楽しみたいという単純な喜びを奪ってしまった気がした。

さて、カンバーバッチは日本でも高い人気を得たと聞いたけれど、ある年、日本に帰ったとき知人が「カンバーバッチって、英国ではハンサムなの？　私にはハンサムには見えないんだけど、なぜあんなに人気があるんだろう」と率直な感想を聞かせてくれた。そうです、ハンサムとは言えないかもしれない。

そこで、私の説です。彼があんなに人気者になったのは、あの髪型と、あのコートを着ていたから。他の出演作と比べても、短めの黒い巻き毛は彼にとても似合っていたし、コートもトレンチコートやピーコートだったら、人並み外れた知能や、ときに失礼ともいえる言動が魅力的とは映らず、単なる傲慢な、無礼者にしか見えなかっただろう。長めのＡラインの裾をひるがえしながら闊歩し、熟考し、人を煙に巻くようなことばかりつぶやく。入念に選ばれ、作られた外見が、ヘンクツな主人公をハンサムに見せ、それがカンバーバッチを魅力的に見せた。というのがワタクシの深い洞察です。私はあのコートを夫のクリスマス・プレゼントに買おうかと思うほど好きだった。コートで夫は変身しないので買わなかったけど。

カンバーバッチは、この後「フィフス・エステート」でウィキリークスのジュリアン・アサンジを、「それでも夜は明ける」では農場のオーナーを、「イミテーション・ゲーム」ではアラン・チューリングを演じているが、シャーロックの黒い巻き毛とＡラインのコートに勝る組み合わせはなかったと思う。

最後のシリーズは２０１７年に放送された。新年の目玉企画として４シリーズ目の３作が放送され、元日のエピソードはその日の全番組の中で最高視聴者数810万人を獲得。でも、15日のシリーズ最後のエピソードは、直前にロシアのハッカーが内容をネットで明かしてしまい、それが影響したのか全シリーズ最終回で最低の視聴者数だった。それでも、590万人。このドラマがヒットして、カンバーバッチもワトソン役のマーティン・フリーマンも仕事の依頼がどっさり。主役2人が忙しすぎて、シリーズとしてはもう作られないのではないかと言われている。

ハンサムではなくても、フサフサではなくても、魅力を感じさせる方法はいろいろある。女性の心は広い。その点、男性は女性の「若さ」にヨワ過ぎる。若さは努力をしなくても手に入る。そして努力をしても失われていく。日本も「カワイイ」を最上級のほめ言葉として使うのは、そろそろやめた方がいいだろう。

殉職か、アルツハイマーか

❦《ウォランダー》（2008〜2016年）

病気、年金、介護。

久しぶりに友人に会って近況を聞けば、話せば、どうしても避けては通れない三大話である。

若い頃は「そういう話が多くなるのよ」と聞いてもピンと来なかったけれど、今になればよくわかる。

今の60代前半はいろいろな意味で端境期《はざかいき》の世代である。大学受験では、共通一次試験という大転換があった。第一次「女性も働こう」機運が高まり、その頃の雑誌『クロワッサン』は副題を「女の新聞」とつけ、「女性もキャリアを磨く時代だ」と提唱していた。今の誌面からは想像できないでしょう。職場ではお茶酌みを「やる」「やらない」で女同士が反発。お茶酌みは女がやるべきだと主張する女性がいたのです。そして夜の8時過ぎにクライアントからの電話を取ると「あなたねえ、女性は8時過ぎたら働いちゃいけないんですよ。労働基準局に言いますよ」なんて、怒られたりもした。その後ワープロが普及し、パソコンがすぐにそれに取って代わり、「コツコツよりもバリバリが上等なんだ」とハッパをかけられ、そして介護保険を納付し始めた。

《ウォランダー Wallander》はスウェーデンの作家ヘニング・マンケルが作り出した刑事だ。コロンボほどドロ臭くはないけれど、コツコツ足で稼ぐ古いタイプ。パソコンも苦手だ。このタイプの刑事の例にもれず、酒が好きで、仕事に没頭するあまり家庭は崩壊。離婚後、一人娘とは長い確執を抱えるが、次第にその溝も埋まっていく。今までで、ウォランダーは3人の役者が演じている。BBC制作ではケネス・ブラナー、スウェーデンのテレビ局制作ではロルフ・ラスガードとクリスタ・ヘンリクソンの2人。

スウェーデン制作のものはもちろん、ＢＢＣ制作のもののもロケは全編スウェーデンで、その透明感のある、寒い、美しい、静かな光景もこのドラマの魅力だ。年代としてはラスガード、ヘンリクソン、ブラナーの順で番組は作られ、ウォランダーの最後までを演じたのはブラナーとヘンリクソンの２人。ウォランダーは糖尿病を患い、パソコンが苦手で、着ているものはいつもヨレヨレ、毎日二日酔いのような様子で「大丈夫か？」と思うが、粘り強さは人一倍。人間観察にも優れていて、地道な調査で犯人を追い詰めていく。ブラナーのウォランダーは、他の二人に比べるとちょっとスマート。見た目はいいし、酒に溺れるタイプにも見えない。パソコンも使えそうだし、離婚だって仕事が理由ではなく、女がらみなんじゃないかと疑ってしまう。その点、スウェーデンの２人は古いタイプにぴったり。見た目はカッコよくないし、服装のヨレ具合も完璧。短気で共同作業が苦手で「周りが大変だろうな」と思わせるところも共通している。

そしてドラマにおける刑事の引き際と言えば殉死が定番だけれど、このドラマは違うのです。アルツハイマー病にかかって退職する。とても現代的で現実的な終わり方。最終回の１、２作前からその伏線がある。幼稚園の孫の迎えを忘れたり、犬に何度も食事を与えたり。自分でもおかしいと思っていたウォランダーは恐る恐る病院で診断を受ける。とうとうその事実を受け入れて退職するのだが、身につまされる。若年性アルツハイマーは進行がとても速いというからそれも恐ろしい。

夫がロンドンへ通勤していたころ、私も一緒に家を出て朝の散歩に出かけた。わが家と駅の間には小さな公園があり、冬の真っ暗な朝でも必ず会う人がいた。犬の散歩を欠かさない男性で長身、姿勢がよく、当時60代前半、アンバーという名のボクサーのメスを連れていた。私が犬好きなので話しかけ、以来、数年は挨拶だけだけれど交わしていた。お互いに名乗ることもなく、アンバーが目印だった。私たちは彼のことを親しみを込めて「ミスター・ドッグウォーカー」と呼んでいた。ところがある日、犬を連れていない彼に会い「アンバーは？」と尋ねたら死んだとのこと。「次もボクサーを飼いたいんだけれど、カミさんが違うのがいいって言うんだよ」。

夫のロンドン通勤は終わり、ミスターと会うこともなくなっていたが、ある日、新聞を買う店で偶然、夫が会った。そうしたら「アルツハイマー」だと聞かされたという。それを聞いて、胸がつぶれる気分を味わった。親しかったわけでも、友人だったわけでもない。でも暗い朝、雨の朝、夏の朝、律義に犬の散歩を欠かさなかった彼のことを思うと、すごく落ち込んだ。

昔は平均寿命が今よりも短く、脳の萎縮が始まる前に寿命が尽きたのだろう。でも、有吉佐和子が「恍惚の人」を書いたのは１９７２年。「痴呆症」や「アルツハイマー型認知症」は結構昔から存在したのかもしれない。ただ、それに名前がついていなかっただけだ。それからも日本人の寿命はずいぶん延びた。自分の生き方、死に方を考える時間がいっぱいある。若い頃は「ポックリ死にたい派」だった。苦しんで病気と闘うよりも、心臓発作でポックリ逝くのが幸せな気がした。ところが、今は身辺整理をする時間が必要だと考え、ゆっくり死に向かう病気がいいのかもと思い始めている。友人に聞くと「もうその時は死んでいるんだから、恥ずかしいものが残ろうがどうしようがいいんじゃないの？」というけれど、エエかっこしいなのか、恥が残るのが気になる。心臓発作でぽっくりいくか、ガンと共に生きるか、ボケて長生きするか。うーん、どれもタイヘンそうだ。

背伸びと、出会いと、身の丈と

❦《ベック》（1997〜2018年）

背伸びは若い頃の特権の一つだと思っている。

少しの背伸びの積み重ねが、どこかへたどり着くために必要だった。その「どこか」は最初から目標として認識していたものもあれば、結果として「こうなった」というものもあった。学生の頃の背伸びの一つが、純文学を読むということだった。教養として知っておくべきだろうと思ったのだ。だから、楽しんで読んだわけではない。日本文学、海外文学、几帳面に読み進めていったが、ある時突然イヤになった。理由は、その時読んでいた本の翻訳がとても下手だったから。私は一旦読み始めたら、途中、おもしろくないと思っても最後まで読むことにしているが、その本だけはとても読み進める気になれず、挫折。20代前半だった。そこからは俄然、娯楽小説に傾倒していった。それが海外のスパイ小説、探偵小説だった。

「この本、夢中で読んだ時期があったなあ」と思い出させてくれたのが、スウェーデン制作の警察ドラマ《ベック Beck》。原作は、スウェーデンのマイ・シューバル、ペール・ヴァールー夫婦の合作だ。マルティン・ベックが主人公のシリーズは１９６５年からの10年間に発表されている。テレビのドラマは現代風のアレンジがしてあるが、懐かしくなって原作をもう一度読んだら、テンポが恐ろしく違う。でも、もちろんプロットに齟齬《そご》はなく、「そうか、そうか。この頃はコンピュータがないから、こんなことしてたんだ」と、原作のその地道な捜査ぶりが新鮮でさえあった。

ベックは地味な警察官だ。酒に溺れて不祥事を起こすわけでもない。結婚は破綻しているが、それが普段の生活に影を落とすというわけでもなく、部下を鼓舞して派手に振舞うわけでもない。優先順位を決め、確実に捜査を進めていく。おもしろみのない男とも言えるが、「事件解決能力はあるけれど、飲んだくれの生活破綻者」というステレオタイプな刑事とは一線を画し、これはこれで好感が持てる。

ベック役のピーター・ハーバーは普通のおじさんといった役者でとても合っている。しかし、このドラマで私が一番気になったのは、ガンヴァルド・ラーソン役のマイケル・パースブラント。筋肉質のとても良い体格をしていて、男気があり、女性にもてて、警察官としても優秀。

難点はちょっと気ムズカシイところだけれど、それさえも魅力に思わせてしまうほど仕事ができる男。彼が殉職したら、ドラマの魅力も半減した。

読書でちょっと背伸びをしたように、映画もそうだった。若い頃は、エンターテイメントたっぷりの娯楽映画より、「マイナーで、知っている人はそんなにいないんだけれど、ツウの映画評に出ている」ような、岩波ホールで上映されているような映画を見に行った。ちょっとコムズカシくて、心から楽しめるわけじゃないんだけれど、知らなかったことを知ることができたような気にさせてくれる、そんな映画。アタマでっかちだったのね。でも、私にはそんな時期が必要だったのだと思う。そんな自分を振り返り、「ガンバッテたのね」と思い、「所詮ワタシはこんなもの」という見切りができたような気がする。

自分の「身の丈」がどの程度なのか、それは高い目標を掲げてみたり、身の程知らずをやって恥をかいてみたりしないとわからないのだと思う。だから、若い人にはどんどん「チャレンジ」をしてほしい。姪などを見ていると、私の若い頃に比べて安定志向で、世間が狭いから自分が安定志向だという自覚もない。でも、これは姪だけではなく、今の若い人一般に言えることのような気がする。世界のことはいくらでもインターネットで知った気になり、日本がどこよりも安全な国であることも本能的に知り、「外国を知ればいいってもんじゃない」というようなワケ知りな人が増えたのではないか。

でも、実際に見て、経験することはインターネットよりもずっと重要だ。他人の経験は自分の経験にはならない。自分にしかできないこと、知りえないことは、それが些細なことであってもその後の人生の糧になると思う。そして外国に行くと、いかに日本のパスポートが威力があるかを実感するだろう。入国審査でトラブルに合うことはまれだし、ほとんどの国にヴィザなしで渡航できる。日本のパスポートをノドから手が出るほどほしい人が出てくるわけだ。それな優良なパスポートを持っているのに、使わないのはもったいない。

自分が年齢を重ねると、背伸びもあまりしなくなる。それは探求心、好奇心、向上心がなくなってきたということなのだろうか。それとも、足りないことばかりが多い自分の身の丈を、受け入れるようになれたということなのか。

とりあえず、探偵小説、スパイ小説を読んでいるときはとてもシアワセだ。

コメディーは、民度と文化のバロメータ？

ありそうでないこと。なさそうであること

❦《ヴィカー・オブ・ディブリー》（1994〜2007年）

海外のコメディー番組は「ルーシー・ショー」が最初だった。
番組中、コントのツボでは編集で笑い声が挿入されていて、何がそんなにおもしろいのかと不思議に思ったのを覚えている。何をユーモアと取るかは文化によって違うから、日本のお笑いは外国人にはわからないだろうし、英国の笑いも私にはピンとこないことが多い。説明されてわかるようでは、とても笑えない。また、毒があり過ぎて笑えないというものもある。日本人なら自己規制して決して踏み込まないラインを超える。「差別だ」と反発を招きそうなトピックを笑いにまで昇華させようと、挑戦する。私には居心地の悪さが先に立って笑えないが、そのチャレンジ精神はとてもいいと思う。反応を先取りして心配し、問題提起をしないで引っ込むよりずっといい。

《ヴィカー・オブ・ディブリー The Vicar of Dibley》は誰でも安心して見ることができて

笑える、コメディー・ドラマだ。１９９４年に第一話が放送されてから２００７年まで、時に応じて作られるスペシャルを含めて20話以上が作られた。私はこの番組を旅行者としてロンドンに来た時に見てファンになった。だから結婚してこちらに住み始めたとき、再放送を発見してとても喜び、夫は「なぜ、この番組を知っているんだ？」と不思議に思った。

舞台は英国の架空の村、ディブリー。物語はある豪雨の夜、主だった住民が村の名士の家に集まり、新たに赴任する司祭を待っているところから始まる。その司祭がドーン・フレンチ演じる司祭ジェラルディン。外交的でよく笑い、楽しいことが大好きな、ぽっちゃりした女性。男の司祭が来るとばかり思っていた村人は、女性が来たことでパニックを起こす。でも、この村人が常識とはボタンがひとつ掛け違っている人たちで、変わり者の集まり。「いやいや、違う違う。いや、そうだ」が口ぐせで、何に賛成で反対なのかわかりづらいジム、村議会の書記でワンテンポずれたフランク、ジャムとピクルス、チーズとピーナッツバターというような変な組み合わせのサンドイッチが得意のレティシアなど、女性の司祭も風変わりなら、村人も変わり者。お互いを「ヘンだ」と思いながら打ち解けていく。

制作当時は、男性のみだった司祭に女性が登用され始めた時期で、女性司祭には賛否両論があった。だからこそ脚本家のリチャード・カーティスは問題提起も含めて、女性司祭を登場させたらしい。当たり前のことをしていては注目もされないし、コメディーにもならない。

女性司祭のジェラルディンは新しい世代の、村の名士のデイビッド・ホートンは旧世代の価値観を体現している。そして村人はといえば、その状況によってどちらかにつくという都合のよさ。新旧2つの価値観の間で当然、摩擦が起こるのだけれど、それは対立ではなく様子見や当てこすり、皮肉や受容としてやり取りされ、すべてが笑いの素となっていて不快感はみじんも残らない。そして、視聴者が毎回楽しみにしていたのが本編が終わった後で、ジェラルディンと教会員のアリスが交わすショートコント。英国風ジョークが秀逸らしいけれど、私の場合は英語力に難があるので3回に1回くらいしか笑えなかった。

英国ではクスリッと笑えるコメディー・ドラマがいくつもある。そういう番組の笑いは外国人の私でもわかるものが多い。設定は普通だけれど、登場人物が一癖も二癖もあり、そこにごく普通の人が絡んで笑いが生まれる。そのあたりの舞台設定がとても上手。そして、役者が豊富。ゲストも多彩で《ヴィカー・オブ・ディブリー》では歌手のカイリー・ミノーグやスティング、ロイヤル・オペラ・ハウスのプリンシパルだったダーシー・バッセル、ベテラン俳優のショーン・ビーン、ジョニー・デップなどが出演している。

ドラマの笑いとは別に、英国ではスタンダップ・コメディーも人気だ。普段着で舞台の上を行ったり来たりしながらしゃべるだけなのだが、場内を揺さぶるように笑わせる。早口で、スラングも多いのだろう、私には全く分からず笑えなかったが、周りの観客は大笑いしていた。そういうピンのコメディアンがたくさんいる。有名になると舞台がテレビで放送されたりもすろが、そうなるまでには相当な下積みがあるはずで、お笑い番組があってテレビでうけるとあっという間にブームになり、すたれていく日本の芸人とはだいぶ違う。

セラピストにはセラピストが欠かせない

《ハング・アップス》（2018年〜）

「シュリンクって何？」。

10代の頃見たアメリカのドラマに、シュリンクという言葉がよく出てきた。「シュリンク」といえば「縮む」という訳語しか知らなかった私は「何だ？　シュリンクって」と思ったら、精神科医のことだった。セラピストのドラマを見て、そんな昔のことを思い出した。

《ハング・アップス Hang Ups》は、セラピスト、リチャード・ピットをめぐるコメディー・ドラマ。クリニック経営に失敗したリチャードは44歳、妻と10代の娘と息子がいる。最低コストの再出発として、自宅でのウェブ・セラピスト開業を決心するが、第一日目からつまずき続き。妻は夫よりずっと稼ぎのいい勤め人で、その日はチューリッヒへの出張で朝からバタバタ。10代の娘と息子はそれぞれの生活に忙しい。

緊張感いっぱいの初日に限って、商売道具のラップトップの電源切れ、頭の上がらない父親から「母さんが、また倒れた。世話が必要だから引き取ってくれ」と言われたり、借金相手のコワモテから催促の脅しが入ったりと、少しも仕事に集中できない。父に「ノー」と言えないリチャードは急遽兄と妹に招集をかけるが、どちらからも母親の世話を押しつけられ、仕事の合間にケアラーを面接、採用。インターネットの特性を生かし、海外にまでクライアントの裾野を広げるが、それがよかったのかどうか。

もちろん身近な新規クライアント獲得にも精を出すが、順調にはいかない。19歳の生徒とつき合っているんだ、というクライアント（患者）と話してみれば、その相手はどうも自分の娘らしい。「31歳で19歳の彼女なんて、ニクイねえ」なんて言っていたのが、「それは年が離れすぎなんじゃないか」、「自分が年寄りになった気がしないか」と、相談に乗るそぶりで仲を裂く策略も。そして、自分自身もセラピーにかかっており、医者でありながら患者でもあるという忙しい男なのである。

これらすべてが、コンピュータを介してのコミュニケーションで、ドラマも90％はコンピュータ画面からの映像だ。だから見ている視聴者は、登場人物から次々とスカイプで話しかけられているといった感じになる。人物の後ろの限られた背景から、その人がどこにいるのか、自宅だったらどんな暮らしぶりで、何に興味がありそうかが予測できる。

世の中には、どこに行っても、どんな環境にあっても、何か不服を見つける人がいる。仕事をしていたころ、ある同僚のグチの聞き役になった。最初の頃は「聞き役」ではなく、「相談役」のつもりになっていた。でもある時、「ああ、この人はとにかく吐き出したいんだな。何か解決策を模索しているわけじゃないんだ」ということがわかった。彼女は家族と住んでいて、話す人に事欠いていたわけではない。一方、私はといえば一人暮らしで、そんな暗い話を聞いても、ほかの人に話すわけにもいかず、聞いたままを家まで持ち帰らなくてはならなかった。自分のことでもないのに、おもしろくない気分だけは引きずらなくてはならず、次第に彼女との仲も疎遠になった。彼女はその後も「聞き役」を見つけ続けたのだと思う。

大学進学の時に「心理学科」という響きに魅かれたことがあった。ヒトの思考回路を探ったり、感情の表出を学ぶのはおもしろそうだし、何といっても知的な感じがする。セラピストという職業も専門職としてよさそうだ。でも、ならなくてよかった。他人のグチを聞いて気分が落ち込んでいるようでは、こういう仕事はできない。

ドラマはコメディーとしてとてもよくできている。必ず笑えて、気分が良くなる。

あの人は今、にびっくり

❦《アウトナンバード》（2007～2016年）

最近、同窓会に出たことはありますか？

私は21世紀の初めに高校時代の学年同窓会があったのが最後。中学・高校の6年間を一緒に過ごしたので、懐かしい顔がいっぱい。女子校だったので、皆この日のために、アタマのてっぺんからアシの先まで、頑張りすぎない程度にステキに見えるよう、努力したに違いありません。顔かたちもそれほど変わらず、「あの人、誰だっけ？」などということもあまりなかったけれど、男性の場合はちょっと違うとか。努力の甲斐なく、髪が抜けたり、太ったり。「あのイケメンが?!」ということがあるそうで。

「へえーッ、あの人が」という驚きを感じるのは、かつての子役が大人になった姿を見たとき。私が思う日本の子役というと宮脇康之、坂上忍、杉田かおるとか。古くてすみません。英国だとほとんどわからないが、「ハリー・ポッター」の子役たちが記憶に新しい。

こちらに来て、「この子役はスバラシイ！」とひと目惚れしたのは、《アウトナンバードOutnumbered》というファミリー・ドラマのカレン役、ラモーナ・マルケスを見たとき。ドラマはロンドン西部に住むミドル・クラスのブロックマン家が舞台。家族は歴史教師の父、パートタイムで秘書を務める母、ごく普通のティーンエイジャーで、女子が気になる長男のジェイク、多動気味でついウソをつき、「もし〜なら」という仮定の質問で大人を困らせる次男のベン、そしてモノマネ好きで、すべてにひと言言わなければ気がすまない、おしゃまな末っ子のカレン。

数のうえで両親が劣勢（親の2人に対して子どもが3人、だからアウトナンバード）なのに、さらに学齢期のベンとカレンをめぐるちょっとした騒動で、心の安まる暇がない。深刻な事件や事故は起こらないけれど、どの家庭にも起こりうるエピソードが満載。学校をさぼるためならウソもでっちあげる。欲しいものを手に入れるためなら祖父母も利用する。でも変なところで正直、無防備で、ウソも簡単にバレて親が拍子抜けすること多数。当事者には「困った事件」も周りから見ると滑稽で、「そういうこと、うちでもあったなあ」と視聴者の共感を呼んだのだろう、とても人気のあるシリーズだった。「だった」と過去形なのは、子どもたちがすでに子供ではなくなってしまったから。２０１６年のクリスマスにスペシャルが放送されたが、シリーズとしては終わった。

番組の流れと共に、子どもたちの成長を見られたのは視聴者にとっても宝の時間だったのではないか。約10年近くもブロックマン家の人たちと共に子育てができたのだ。中でもカレン役のラモーナ・マルケスは秀逸だった。長いセリフもとちらず、自然で、無条件にかわいかった。次男のベンも巻き毛のナマイキな男の子でカワイイ。ところが２０１４年放送のシリーズ５では、カレンはすでに大人っぽくなり、「子役はもう卒業ね〜」と寂しくなった。そして、最後のクリスマス・スペシャルではベンまでがすっかり大人になっていて、子供の頃とのギャップにびっくり。あの愛らしかったベンが、パブの用心棒になっちゃった！　ラモーナ・マルケスはこのカレン役で２００９年、８歳でコメディー女優最優秀新人賞を獲得。２０１０年リリースの映画「キングス・スピーチ」では、マーガレット王女を演じている。

だんだん年を取って味のある顔になってくれるといいけれど、そうとばかりは限らない。私が近年ショックを受けたのが、アンディ・ガルシア。コメディーの父親役の予告編を見て、目を疑った。あんなにキリっとしたハンサムが、こんなにふやけてしまうのだ、と。「アンタッチャブル」や「ブラック・レイン」の姿はどこへ行った？　あの姿を温めていた私としては、勝手ながら詐欺にあった気分になった。遺伝的に太るタイプだったのかしら。

子役で成功すると、その後がムズカシイとはよく言われること。日本のかつての名子役を見てもわかる。でも、英国ではちょっと違いそうだ。というのも、活躍の場が日本に比べると格段に広く、バラエティーに富んでいるから。ドラマに出演しなくても、舞台や映画がある。英語が母国語だから英国だけにとどまらず、どこでも役者の仕事はあるだろう。演技を学ぶ場所にも人にも恵まれている。ただ気にかかるのは、日本人よりも子供と大人になってからの外見の差が著しいこと。まさに「エッ、あのイケメンが！」ということになりかねない。次にカレンとベンに会うのが楽しみなような、コワイような。

夢見る一攫千金

中学、高校のクラブは「郷土研究会」だった。

中学1年のときの担任がクラブの顧問。部員が少なくて存続の危機に見舞われていると聞き、同情して部員になった。でも、「発掘」に興味があったのも事実。だから高校生の夏休み、博物館の先生や助手の人たちと地面を掘るのは楽しかった。土の色が変わったら何かのサイン。土器のカケラが見えたら周りから慎重に土を取り除き、刷毛で払いながら、傷をつけないようにゆっくりと作業を進める。カケラが土器の一部になり、元の姿が想像できるようになると、スゴイ発見をしたような気分になった。

❦《ディテクトリスツ》（2014～2017年）

《ディテクトリスツ Detectorists》は、金属探知機を使って、「金」を発見したいと夢見る二人の男ランスとアンディーのコメディー・ドラマ。ランスは卸売り市場のフォークリフトの運転手、アンディーは市役所の下っ端で何でも屋。二人は暇さえあれば、長い柄の先に円盤がついたようなメタル・ディテクターで畑や野原を探索する。同好の士とクラブを作り、自らを「ディテクトリスト」と称してのんびりと活動に励む。願わくば、ローマ時代、あるいは歴史的価値のある金のコインを探し当てたいと思っているが、探知機が反応するのは缶のプルトップや針金、おもちゃのクルマなどでなかなか成果はあがらない。

ランスは妻に捨てられた日に買った宝くじが大当たりして30万ポンドを手にし、アンディーには小学校の先生をしているしっかり者のガールフレンドがいる。何かを見つけたら人生が変わる！　という期待はありながらも、ガツガツするわけではなく、夏の晴れた日、小鳥がさえずる中、ゆっくり歩きながら気の置けない友人との何でもない会話が楽しい。

探知機を右に左に動かしては、反応があるとシャベルを使って掘る。その繰り返し。そこにライバルやスパイが出現したり、ランスが元妻の関心を取り戻そうと悲しい努力をしたり、アンディーがガールフレンドに愛想をつかされたりと、いろいろなエピソードがちりばめられる。そしてある日、二人はパブでテレビを見ていて「ローマ時代の大量のゴールドコイン発見」というニュースを知る。発見者は探知機を使い始めて2回目でこの幸運を射止めたという。ランスとアンディーの落胆、いかばかりか。

春になり、暖かくなるとこういう人たちがうちの周りにも出没する。海辺でそれを使っている人はたぶん、遊びに来た人が落としたお金を探しているのだろうが、野原には穴がポコポコ空いている。最初はウサギやモグラの仕業かと思ったけれど、ある人が「それは探知機を使う人が掘ったんだ」と教えてくれた。ドラマではランスもアンディーも穴はきちんと埋めてから去るが、マナーのいい人ばかりではないらしい。

英国北部、スコットランドに近いところに「ハドリアヌスの長城」という城壁跡がある。１世紀中頃にローマ帝国が侵攻してきたとき、ケルト人の侵入を阻もうとハドリアヌス帝が建築を命じたもので、今もところどころに残っている。こんな北までローマ帝国が来たのかと驚いたが、だから、探知機を使って金を探す人が後を絶たない。

そして２０１７年、ついにスタフォードシャーでお宝を掘り当てた人が出た。ジョーとマークは友人同士。メタル・ディテクターを使った宝探しも共通の趣味。金を掘り当てた場所は、すでに20年前に探った場所で、当時収穫は何もなく、作業にも飽きて趣味は釣りにシフトした。しかし今回もう一度試したら、紀元前３、４世紀の金の装飾品が出土した。「今までに引っかかったのはヴィクトリア時代のコインくらいで、あとはほとんどクズ。だから泥まみれのモノを見ても期待しなかったんだけど、泥を落としたら、もしかしたら金なのかもって」。

早速、地元の博物館に連絡。館員によれば「そのエリアを掘り返したら、次から次へといろいろ出てきました。ローマ人が来る前の生活を解明するとても貴重な手掛かりになるはずです」とのこと。どんな報奨がジョーとマークに出るのかはわからないけれど、もし金銭的な価値が算定され、博物館が買い取るのだとすれば、土地の所有者と彼らの三者で山分けすることになるとか。このニュースを見て、その気になった英国人はいっぱいいるだろう。

英国の南東部に位置するヘイスティングスという町では、満潮時には海に隠れてしまうような岩棚に恐竜の足跡が残っている。私も海辺を歩いていて、石に埋まったアンモナイトのような化石を見たことがある。一つだけではない。石を割るわけにもいかないので「ふーん」と眺めただけだが、昔の発掘魂がちょっとうずきました。

フィクション、だけど事実

三角関係がいっぱい

❦《ライフ・イン・スクエアズ》(2015年)

姉妹は友人以上、親友未満？

私には6歳違いの姉がいる。6歳違うとどちらも一人っ子のようなもので、あまり接点がない。私が中学校1年のときに、姉は大学1年。興味も違えば、悩みも違う。大人になれば6歳の違いは大したことはない。6歳や10歳違いで結婚する人はざらにいる。でも先生がいつまでたっても先生であるように、私にとっての姉は友人になることはなく、いつまでも姉のままだ。

《ライフ・イン・スクエアズ Life in Squares》は、20世紀初めに存在したブルームズベリー・グループという、アッパーミドルクラス出身の芸術家、文人たちの人間模様に焦点をあてたドラマ。ケンブリッジ大学出身のトビー・スティーブンが始めた私的な集まりが発端で、住んでいた場所からその名がつけられた。

彼にはエイドリアン、ヴァネッサ、ヴァージニアという弟妹がいた。彼が早世した後、グループの中心になったのが画家で妹のヴァネッサ。彼女はファールという英国南部の町の農家を借り、メンバーはロンドンを抜け出してたびたびその家に集まった。その中にはヴァネッサの夫で美術評論家のクライヴ・ベル、ヴァージニアとその夫で作家のレオナード・ウルフ、経済学者のメイナード・ケインズ、批評家のリットン・ストレイチー、美術評論家のロジャー・フライ、そして画家のダンカン・グラントなどがいた。

彼らの人間関係は錯綜していた。ヴァネッサとクライヴは2人の息子を持ったものの、当時は別居していてそれぞれに恋人がいた。ヴァネッサはロジャー・フライとつき合い、彼は彼女が大好きだったけれど、結局ヴァネッサはダンカンを選び、二人は終生一緒に暮らす。しかし、ダンカンはゲイだった。

同じ家にはダンカンの恋人、デイヴィッド・ガーネットも住み、ヴァネッサとダンカンに赤ちゃんが生まれたときは立ち会っている。そしてストレイチーに「僕は彼女と結婚するよ。彼女が20歳の時に僕は46歳。スキャンダラスかな」と手紙に書いている。アンジェリカと名づけられた赤ちゃんはヴァネッサとクライヴの子どもとして育てられ、実の父親を知るのは彼女が18歳の時。ガーネットとつき合い結婚に至るも、両親は彼女にガーネットの過去は話さなかった。それが後日、彼女をずいぶん苦しめることになる。

こんなに性的関係が入り組んでいるグループに、ある近隣の教会の司祭が、教会のために絵を描いてくれるように頼んだ。その頃ゲイは違法であり、小さい田舎町のことだから彼らがどんな人たちかは村人もわかっていただろう。それでも、彼らを見込んでキリストとその物語にちなんだ絵を頼む。なんて、心の広い司祭だろう。ヴァネッサたちが住んだチャールストン・ファームハウスと共に、ベリックにあるこの教会も一見の価値ありだ。

妹が有名な作家のヴァージニア・ウルフなのと、グループのメンバーがそれぞれの分野で有名だったためにヴァネッサはその陰に隠れ、注目されることがあまりなかった。しかし私には、知れば知るほどヴァネッサのほうが妹よりも魅力的に見えてくる。妻、母、恋人、姉の顔を持ち、グループのまとめ役として周りの人の面倒を見、しかも画家としてのチャレンジも怠らない。油彩、水彩、人物も風景も描き、オメガ・ワークショップというデザイン工房に所属して、テキスタイル・デザインや本の装丁をも手掛け、家具なども作った。

一方、妹は子供のころから姉を頼りにし、仲も良かったので、その結婚にはとてもショックを受けた。姉が取られてしまった、姉に裏切られたと感じたのだ。それでクライヴを誘惑したのだろうが、それは姉の心に「妹の裏切り」を終生刻むことになる。でも、二人の仲の良さは変わらなかったという。姉は妹を気遣い、妹は甘えつつもずっと競争心を持ち続けた。それが結局は姉を傷つけ、自分をも追い詰めていった

ダンカン・グラントたちが内部の絵を描いたベリックの教会

のではないか。仲の良さとライバル心が同居する姉妹関係。なかなか複雑だ。血縁関係があるだけ鬱陶《うっとう》しい。

このドラマでダンカン・グラントを演じたのがジェームズ・ノートン。実物のダンカンもハンサムだったからこの配役は納得。でも、ノートンはちょっとハンサム過ぎ。

雪だるま式罰金

❦《罰金に殺されて》（２０１８年）

生涯最初の罰金を、英国で払った。初めて駐車場を利用した時のこと、やっと駐車してホッとし、そのまま友人に会いに行ってしまった。出かける前は、「駐車場に入れたら、チケットを買って、フロントの見えるところに置いておくこと！」と、あんなに言い聞かせていたのに。

《罰金に殺されて Killed By My Debt》は事実をもとにした再現ドラマ。交通違反の罰金を払えなくて、自殺に追い込まれたジェローム・ロジャースの物語だ。

ジェロームは20歳、仕事はバイクで病院に輸血用血液を配達すること。就業形態は時間も収入も不安定なゼロ・アワー・コントラクト。最初に雇用者から言い渡されたのはガソリン、バイクの維持にかかる費用、罰金等はすべて本人の掛かり、そして、貸与する通信機器、ユニフォームの代金として週24ポンドを会社に払うこと。好きなバイクに乗ることが仕事になるのだから、最初は楽しかった。これで、親に金の面倒をかけることもなくなる。

しかし、仕事を始めて間もなくバイクが壊れ、新車を買うために継父に借金をする。そしてある日、バス専用レーンをうっかり走ったことから転落が始まる。「14日以内に65ポンドを払うように」。それが未払いのうちに2回目の交通違反を犯し、また14日以内に65ポンド。

当時の収支は収入（週）146ポンド、出費85ポンド、手元に63ポンド。とても罰金を払うゆとりはない。気になりながら、気づかないふりを続けた結果、9か月後には課徴金は2件で1019ポンドにまで膨れ上がり、翌月には取立人がやって来る。そこで彼は無審査で金が借りられるインターネット・ローンを申し込むが、その金利が年1081％。ついに、商売道具のバイクを差し押さえられて、アウト。

英国は防犯カメラがいたるところにある。交通違反もそういうカメラが捉え、自動的にナンバーを割り出し、通知が発送される。取立人が来た時点でジェロームは支払いの延期、もしくは分割払いができないかと役所に電話するが、録音メッセージが「○○の件は○番、○○は○番」と延々と続き、焦っている彼には役に立たない。取立ては役所と契約している民間企業の仕事だ。ドラマの中で取立人は自分がこれからする作業と手順、ジェロームができることは何かを淡々と話す。丁寧な口調だけに、誰の苦境にも動じない、非情さが伝わってくる。

英国では毎年10万人以上が、借金苦に耐えられずに自殺を考えるという。大人の14人に1人は負債を抱え、クレジットカードや税金、ガス・光熱費の支払いが滞りがちで不安を抱え、そこに届く取立通知の文言が脅し文句のように響き、さらに彼らを精神的に追い詰めるという。

私の場合は「罰金60ポンド、でも1週間以内に払えば30ポンド」、という通知が来た。もちろん、すぐ払いに行った。駐車したときにチケットを買っていれば3ポンドくらいで済んだはずなのに。英国の駐車場は公営のものがほとんどだ。街に出かければ駐車場の案内があり、「Pay and Display」といって、販売機で駐車時間に応じたチケットを購入してそれを車内の見えるところに置く、というシステムになっている。路上駐車も英国ではOKだが、町の中心部はほとんどこのシステムだから、販売機を探し、チケットを買わなくてはならない。役所の簡便な収入源(?)なので、この間まで駐車無料だった道路がある日有料になったり、上限5時間までとめられたのに2時間になったりと、決まりはお役所次第で変わる。

60ポンドの授業料はよく効き、以来、駐車チケットを買い忘れたことはない。

紳士と英国的恋愛

女性問題でつまずいた政治家。

というと宇野宗佑氏が思い浮かぶ。リクルート事件などの責任を取って竹下登氏が総理を辞任したのち、自民党総裁となったのが宇野氏。自動的に総理大臣に就任するが、すぐに神楽坂芸妓とのスキャンダルが炎上。翌月の参議院選挙で大敗し、就任から69日で辞任という短命内閣に終わった。

❦《英国スキャンダル》（２０１８年）

《英国スキャンダル A Very English Scandal》は、ある政治家の愛人騒動が殺人教唆へ、そして裁判沙汰にまで発展した、１９７０年代に本当にあった痴話騒動のドラマ化。

ジェレミー・ソープはオックスフォード大学を卒業後、１９５９年に30歳で国会議員に当選し、１９６７年から７６年まで自由党の党首を務めた。頭の回転が速く、演説が上手で、カリスマ性もあったが、ひた隠しにした秘密があった。ゲイであること。それは当時、違法であり、露見したら政治生命は終わりだった。

ところが１９６０年代、友人宅の使用人兼モデル志望だったノーマン・スコットと出会い、一時は彼に住居をあてがい、生活の面倒を見るほど親密になる。しかし、次第に関係は悪化。

スコットは、ゲイであることを暴露するとソープを脅すようになる。ソープは、国会議員で友人のピーター・ベッセルを仲介役にして、一度はスコットを沈黙させることに成功するが、結局脅しは再開され、ソープはあるルートでスコットの殺害を試みることになる。と、これがドジな殺し屋で、国中が注目する大騒動に発展するのだ。

実際にあったスキャンダルのドラマ化と聞いて、ドロドロした愛憎半ばするダークな作りかと思っていたが、コメディー・タッチの、結構笑える、楽しいドラマになっていた。政治家のジェレミー・ソープを演じたのがヒュー・グラント、愛人のノーマン・スコットを演じたのがベン・ウィショー。ソープはスコットのことをラブレターの中で、「バニー」（僕のうさちゃん）と呼ぶが、ベン・ウィショーはそんな愛称がぴったりの、気ままさと可愛らしさが同居した役づくりに成功している。

ヒュー・グラントは、当意即妙の受け答えが得意な、ざっくばらんで人受けのいい人物として、ソープを好演している。ドラマを見ると、仕草や表情、行動が誇張されているのではないかと思うほど大げさだったり、滑稽だったりするのだが、実にそのままなのだという。まだそれほど古い醜聞ではないので、関係者や彼らを知っている人が存命しており、このドラマを見て「まさにこんな感じだった」と、喜んだという。

では、何が「とても英国的（原題はア・ベリー・イングリッシュ・スキャンダル）」なのか。たぶん、ゲイと階級社会の存在。ノーマン・スコットは15歳で何の資格もなく社会に出て、ソーンと出会った頃は馬の世話係。無一文、ホームレスだった時期もある。一方ソープは白人男性、代々保守党議員の家柄、ナイツブリッジの高級住宅街にコック、運転手、メイド、乳母つきで育ち、イートンからオックスフォードに進んでいる。社会の中での重要人物、権力がある友人知人も多かっただろう。そんな二人が法廷で争った場合、どちらの言うことを人は信じるか。明らかに殺害計画は存在したと思えるのに、ソープは無罪になった。でも、政治家としては終わり。パーキンソン病を患って２０１４年に亡くなっている。ノーマン・スコットは、エクセターでまだ健在だ。

政治家のスキャンダルで私が思い出すのは、クリス・ヒューンの「妻への交通違反チケットつけかえ」事件だ。これは２００３年に犯したスピード違反が10年後に明らかになったのだが、その明らかになり方が印象的だった。２００３年欧州議会議員だったヒューンは、空港から自宅への帰り道、制限時速50マイルのところを69マイル出して違反通知が届いた。その違反点数が加算されると免停になるため、妻が肩代わりした。

それがなぜ10年後に暴露されたのか。ヒューンがアシスタントとの不倫の上、離婚を決心したため、妻ヴィッキー・プライスの逆鱗に触れたのだ。この夫婦はエリートで、夫は２０１０年に発足した連立政権では閣僚入りし、民間会社に移っても評価は高かった。妻は、政府のトップエコノミストを務め、局長級のポストを辞任した後、民間会社に移りそこでも成功している。妻は「強制されたのだ」と主張したが認められず、二人とも司法妨害罪で８か月の実刑を受ける。免停を逃れたいがために、瞬間風速の怒りのために、頭のいい人たちが、こんなことをしてしまうんですね。プライスさんは今も優秀なエコノミストとして健在で、ニュース番組などでコメントしています。ヒューンさんの方はわかりません。

私はベン・ウィショーが好きなので、《英国スキャンダル》は見ようと決めていたのだけれど、ヒュー・グラントが想像以上に良かった。人生の綱渡りをする悲哀と滑稽さがよく出ていた。この役作りのために、自転車を買い、リッチモンド・パークを何週も走ること、4か月。大減量に成功したという。ロマンティック・コメディーの王者もトシを取ったのね。

2 ドキュメンタリーは悲喜こもごも

人生、退屈してはいられない

名声よりも、お金よりも大切なもの

❦《ダーシー・バッセル：マーゴを探して》（2016年）

私が子供の頃の習い事といえばピアノ、習字、そろばんだった。町内を歩いていれば、どこからかピアノの練習の音が聞こえてきた。私もピアノを習っていたが、学校帰りに先生のところに寄るのはあまり気が進まず、良い生徒とは言えなかった。バレエが習い事のひとつになったのはいつ頃からだろう。

《ダーシー・バッセル：マーゴを探して Darcey Bussell: Looking for Margot》は、英国の

ロイヤル・バレエ団でプリマ・バレリーナとして活躍したマーゴ・フォンテーンの生涯を、これまた同じバレエ団のプリマだったダーシー・バッセルがたどったドキュメンタリー。番組はパナマの寂れた農場から始まる。ロンドンのオペラ・ハウスで観客の喝采を浴び、ヌレエフとの舞台で大きな成功を収めた世紀のバレリーナが、人生最後の場所として選んだところだ。

マーゴ・フォンテーンは１９１９年、ブラジル人の父とアイルランド人の母のもとに生まれる。ロンドンのヴィック・ウェルズ・バレエ・スクールですぐに頭角を現わし、１９３９年まではプリンシパルとして「ジゼル」、「白鳥の湖」、「眠れる森の美女」を踊り、まもなくプリマに指名される。数々の一流バレエ・ダンサーをパートナーに世界各地で公演し、その名を不動のものにしていくが、私生活は幸せとはいえなかったようだ。

18歳の時、公演で訪れたケンブリッジで、将来の夫ロベルト・アリアスに出会う。当時、アリアスはケンブリッジ大学の学生で二人は親密な時間を過ごすが、休暇でパナマに帰った彼からは連絡がなく、そのままになってしまう。ところがそれから15年後の１９５３年、ニューヨークで再会する。当時アリアスは駐米パナマ大使で、妻と３人の子どもがいたが、離婚。１９５５年にマーゴと結婚し、駐英パナマ大使としてロンドンに暮らす。

ところが１９５９年にアリアスがクーデターを計画。マーゴも協力し、ヨットに武器を積んでいるところを見つかって、摘発される。刑務所に入ったマーゴは英国大使の尽力によって自由の身となり、クーデター未遂で告発されたアリアスはブラジル大使館に亡命。２人はリオデジャネイロで落ち合い、再びロンドンに戻って、マーゴは舞台に返り咲く。そして、そろそろ引退かと思っていた頃出会うのが、１９６１年パリで亡命したヌレエフ。19歳の年齢差に初め共演に気が進まなかったらしいが、この「世紀のペア」はその後10年以上、バレエ界を席巻する。２人の舞台はマーゴが61歳で引退する１９７９年まで続いた。

私はこの「61」歳という年齢に驚いた。そんな年齢になるまで、舞台で踊り続けたのだ。これにはワケがある。夫のロベルトは大統領も輩出した政治一家の出身で、政治に深く関わる人物だった。クーデターに失敗した後、１９６４年にライバルの政治家による銃撃で首から下が不随になる。その医療費が莫大で、マーゴは引退できなかったのだ。引退後はパナマでの貧乏な暮らしが始まる。「車椅子のタイヤ修理代１ドル」、「借金の返済16・32ドル」。年金もなしで引退した彼女の生活は金銭的にはどん底だったが、大好きなティト（ロベルトの愛称）と暮らした晩年の10年間が「一番幸せ」だったという。

マーゴはそういうが、私はそうは思えない。アリアスは女性にだらしのない人、言い換えれば女性にとてもモテた人だったらしい。ケンブリッジでお互い通じるものがあったはずなのに、音信不通。この未練のなさは、いくらでも周りに喜んでついてくる女性がいたのだと思われる。結婚後、マーゴが稽古に海外公演に忙しい時も社交は怠らなかったようだし、車椅子生活を余儀なくさせられた銃撃も、そのライバル政治家の妻との不倫が原因ともいわれている。そんな不実な夫が障害を抱えてから、マーゴは公演に必ず彼を連れて行ったという。交通費、宿泊費、付添人の費用。いくら稼いでも焼け石に水状態だったらしい。あんなに華麗なバレエを踊り、スポットライトの当たる生活を送りながら、自分の稼いだお金を自分のためには全く使えなかったのだ。

それにしても、ロイヤル・バレエ団はこの苦境を知りながら、なぜ手を差しのべなかったのだろう。バレエ団への貢献を思えば、教師としてクラスを担当してもらう、振付師として雇用するなど、体力的にもっと楽で安定した仕事を提供することもできたのではないか。この外聞の悪さを自覚したのか、1990年にバレエ団はマーゴのためにガラ（特別なコンサート）を主宰し、その利益をすべて彼女に贈る。大好きだったティトは前年に亡くなっており、彼女も1991年に死亡する。

ティトが亡くなる少し前、マーゴは自分が卵巣がんを患っていることを知る。治療を受けたくてもお金がない。そんな恥ずかしいこと、誰にも言えない。窮状を相談した数少ない友人の一人がヌレエフだった。彼は入院中の彼女を最後まで定期的に見舞い、莫大な支払いも彼が負担したという。

以前、ロイヤル・オペラハウスに行ったとき、マーゴが着ていたというチュチュを見る機会があった。ガラスのケースに収められたそれは子ども用かと見紛うくらい小さく、可憐だった。ウェストなど、両手で丸を作った中におさまりそうだった。こんなに細く小さい人が61歳まで現役で舞台に立っていたなんて。

お墓は大好きだったティトが眠る、パナマにあるという。

アスペルガーと生きる

❦《アスペルガー症候群と私》（2017年）

自分を普通だと思いますか？

私はほぼ普通だと思っているけれど、世間話というのがどうも苦手らしいという自覚はある。初対面の人と話すのは嫌いではないが、人が大勢集まる社交の場が好きではない。あたりさわりのない話をし続けるにはどうすればいいのか。浮き上がった存在にならないためにはどう振る舞えばいいのか。そんなに居心地が悪いなら行かなければいいのだけれど、そうもいかないから悩むのである。

《アスペルガー症候群と私 Chris Packham: Asperger's and Me》は、テレビのプレゼンター、クリス・パッカムが自身の自閉症について語る。自分は皆とは違うようだと早くから感じていたが、自閉症の一つのアスペルガー症候群と正式に診断されたのは40代になってからだ。アスペルガーは知能に問題があるわけではない。そして彼の場合、自閉症の主な症状である言葉が出てこないわけでもない。しかし、人の所作や目の動きなどから相手の感情を察することができない。そして色、音、匂い、カタチなどに鋭敏なので、それらが洪水となって襲ってくる本屋やスーパーへ行くのが苦手だ。

だから、彼は森の中の一軒家に愛犬スクラッチーと暮らす。小さい頃から人と親しむことができず、常に鳥や動物などの生き物に興味があった。それらとの間には強力な絆を感じ、築くことができた。好きなことに対する並々ならぬ執着と記憶力はアスペルガーの特徴の一つで、彼の場合は生き物に対して徹底的に調べたり、学んだりしたことが、結果、テレビのプレゼンターという職業に結びついた。好きなことについてなら、いつまでだって話し続けられる。これもアスペルガーの特徴だ。人の話を遮らない、相手を見る、相手とのアイ・コンタクトを心掛ける、「しなければいけないこと」リストを作る。そこで彼は、初めてのテレビ出演の前夜に「しなければいけないこと」リストを作る。人の話を遮らない、相手を見る、相手とのアイ・コンタクトを心掛ける、自分の意見は言わない。彼にとってはどれもハードルが高い。

小さい頃は普通になりたいと願った。他の子供たちと同じようだったらいいのに。では自閉症を治す方法があったら、その治療を受け入れるか。それを知るために彼は米国へ発つ。「応用行動分析学」の実践現場と脳への電気療法の2つの現場に立ち会うが、彼の結論は今のままでよい、だった。治癒の道を探るよりも理解を深めることの方が大切だ。

取材の最後はシリコンバレー。「自閉症の人が持つ特質がなかったら、NASAもインターネットも生まれなかったんだから」と彼を案内するスティーブ・シルバーマンは言う。シルバーマンは、自閉症の人たちが如何にテクノロジー業界に貢献したかという本の作者だ。マイクロソフトでは普通なら一日で済ますインタビューを、自閉症の応募者には一週間のゆとりを確保する。ストレスを軽減してスキルを見極めるために、採用試験のプロセスには最低5日間以トかけるという。英国では自閉症の14％が正社員として働いている。普通の人にはない技能を持ちながら、経済的自立ができる人はわずかなのだ。

彼は、今では「アスペルガーでよかった」と思っている。その特性がなければ、自然についここんなにしつこく、根を詰めて学ぶことはできなかっただろうし、人並み以上の知識、経験を身につけることも難しかっただろう。テレビ・プレゼンターの仕事に就くこともなかった。もう一つ、彼が感謝していることは、パートナーのシャーロットに出会えたこと。彼女はある動物園のオーナーで、前のパートナーとの間にメガンという娘がいる。パッカムがシャーロットと出会ったとき、メガンは生後18か月。同居はしていないけれど、週末や休日を一緒に過ごし、育てるというのはとても報われることだと知ったという。メガンいわく「あなたがいなかったら、できなかったこと、知らなかったことがいっぱい。もし20年前に会っていなかったら、全く違う人になっていたと思う」。卒業式に来てほしいと言われているけれど、もう10年以上パーティーのようなものには行っていない。だから「行かないよ」。

シャーロットがパッカムのことで心配しているのは「スクラッチーが死んだらどうしよう。彼は受け止めきれるだろうか」ということ。「スクラッチーが人生で一番大切。彼は私を頼り切っている。私が面倒を見ないと生きていけない。でも、シャーロットは大丈夫だ」。スクラッチーの双子の兄弟イッチーが死んだときは、森の木の下に埋めた。スクラッチーが死んだら同じところに埋め、自分が死んだら隣に埋めてほしいと思っている。「スクラッチーとシャーロットでは愛情の種類が違うんだ。重さは同じだけど」。伝えたいことはわかるけれど、やっぱり犬の方が好き？　「彼は思っていることをストレートに言うし、正直すぎるので傷つくこともある」。けれど、パッカムには「流儀をわかり、受け止めてくれる人はシャーロットしかいない」と十分にわかっている。

医学が進歩して、前は「ちょっと変わってるね」くらいの行動に「〜障害」という名前がつくようになった。そうすると、心配の一方で「そうか、病気なんだ」、「仕方のないことなんだ」と説明のつかなかったことが解明できたようで安心したりもする。でも、その境界線は私にとってはとてもビミョーで、パッカムの話を聞いていると「そういうところ、私にもあるなあ」という共通点が多々見つかる。私って？

お父さん、目を覚ましなさい！

❦《スタンリーとその娘たち》（2018年）

振り向いてくれない人を好きになってしまったら。

しかも、その人がゲイだったら。あきらめる。追いかける。それとも、友人としてそばにとどまる。どれにしようかな。日本に比べると、英国はカミングアウトしているゲイの人が多い。

それでも、１９６７年以前は同性愛は違法で処罰の対象だった。映画「イミテーション・ゲーム」で日本人にもなじみの名前になったアラン・チューリングも、それで苦悩した一人だ。

《スタンリーとその娘たち Stanley and His Daughters》は、隣人のレズビアンの女性を好きになって家族を捨てた父親について、残された娘二人が齢90になろうとする今、回想するというドキュメンタリーだ。父親の名前はスタンリー・スペンサー。１８９１年、クッカム生まれ。ロンドンのスレード美術学校を卒業後、同じくアーティストのヒルダ・カーラインと出会う。彼女はたちまち彼の作品の中心的存在になる。そして１９２５年に結婚。シャーリンとユニティーという二人の娘をもうける。

１９３２年、スペンサーはロンドンからクッカムに戻るが、そこで隣に住んでいたのがパトリシア・プリースとドロシー・ヘップワースという二人の女性だった。彼女たちもアーティストで、しかも二人は恋人同士だった。スペンサーはそんなことにはおかまいなく、パトリシアに恋をし、彼女をモデルにいくつもの作品を制作。それに傷つきウツを患ったヒルダは、ロンドンに帰ってしまう。

ここから家族の分断が始まる。ロンドンの家が手狭だったため、母親と次女のユニティーは共に暮らすが、当時６歳だった長女のシャーリンはエプソンの親戚の家にあずけられ、父親は滅多に訪れることはなかった。「誕生日に一度来てくれたことがあったけど、すぐに帰ってしまって。私は大声で泣いたわ」。結局、スペンサーはヒルダと強引に離婚し、１９３７年にパトリシアと結婚するが、式が済むと彼女は彼抜きにドロシーとハネムーンに出発し、決して彼に一緒のベッドで寝ることは許さなかった。これって、結婚詐欺？

「あなたは絶対に幸せにはなれない」とヒルダが言ったとおり、まもなく彼は不動産譲渡証書にサインさせられ、住んでいた家を追い出される。パトリシアはその家を貸し出して家賃収入で安穏に暮らし、スペンサーは2年後には無一文になっていた。それでも描くことだけは続け、１９５０年代に戦争画家（政府から戦争についての絵を依頼される画家）のひとりとして名声を築き、１９５９年にはナイトを授与されるが同年、亡くなる。未亡人となったパトリシアは「レディ・スペンサー」と呼ばれることに固執し、「叙勲された人の未亡人」としての年金も受け取った。

ずっと離れ離れだった姉妹は、ユニティーの息子ジョンの協力で晩年、ユニティーが亡くなるまでの一年を共に過ごすことができた。子どもの頃のことを話しているとき、ユニティーが「あなた、私に嫉妬してたでしょ。お母さんと一緒だったから」。「そんなことないわ」。「いいえ、嫉妬してた」。しばらく言い合う場面があり、ちょっと微笑ましかった。

そして、こんな父親を姉妹は悪く言わない。シャーリンは絵を描いていた父親の姿を思い出して「お父さんは、マジシャンみたいだったわ」と言い、父親のパレットを手にして彼を慈しむ。「ダディが」、「ダディは」と少ない思い出を反芻《はんすう》する。一方「パトリシアは大嫌いだった」と、当時の痛みが未だに生々しく蘇る。ユニティーは父親の才能を継ぎ、画家になるが、生涯うつ病に悩まされた。

日本人は「子供のために離婚しない」という選択をする夫婦が多いと思うが、英国は相手に愛情を感じなくなったら離婚する。夫婦の関係と子供は別問題。それにしても、このスペンサー、あまりにも身勝手すぎないか。家族がいるのにレズビアンの女性に一直線。彼女にソデにされると「3人で一緒に住まないか」とヒルダに妻妾同居を示唆するような提案をする。もちろん断られる。パトリシアという女性も、彼から取れるものはすべて取り、死んだ後までその恩恵を手放さない。うーん、こんな人が身内だったら「イヤだ、イヤだ、イヤだ」という負の感情に人生を支配されかねない。もちろん、これだけのことを恨まずにはいられないだろうけれど、姉妹が長生きをして、最後は一緒に暮らせたことには、少し胸がすく思いがする。

散歩と観察が好きになる国

英国身近な自然観察学会

❦《スプリングウォッチ》（2005年〜）

小学生の頃、縁日でヒヨコを買った。黄色く色づけされたニワトリのヒナ。母は「買ったってすぐに死んじゃうから」と、全く乗り気ではなかったけれど、私は育てることに大成功。私の膝の上で昼寝し、名前を呼べば一目散に走って来る。小さい脳みそながら、とても忠実で賢いトリだった。私以外の人間が呼んでも無視。私が呼ぶと来る、そのスペシャル感がたまらない喜びだった。絆はトリとだって結ぶことはできるのだ。

英国に来て、最初にファンになった番組が《スプリングウォッチ Springwatch》。英国には野生動物や事象についてのドキュメンタリー番組がとても多く、人気がある。その中で、等身大の自然を見せてくれるのがこの番組。英国には、野鳥を保護する団体「王立鳥類保護協会（ＲＳＰＢ）」があり、そこが運営する保護区での春の出来事をライブで伝えてくれる。鳥たヒナが巣の中で卵を温める様子、それが孵化《ふか》してエサをねだる騒々しい様子、親鳥が自分の食い扶持もそっちのけでエサやりに没頭する様子、そして次第に大きくなり、1羽1羽巣立っていく様子、すべてを見せてくれる。

番組放送中の3週間は24時間ウェブカムが公開されていて、小鳥たちに何が起こっているか視聴者はいつでも見ることができる。もちろん自然の出来事なのでいいことばかりではない。アピール力が弱いために、エサをもらえずに兄弟の足元で餓死していくヒナ。ヘビやイタチが巣を襲ったり、アナグマが卵を盗んだり、巣立った小鳥がすぐに猛禽類に襲われたり。そういうことも伝えてくれる。そんなシーンを見ると、いつものことながら「カメラなんか回してないで、何かしろー！」と叫びたくなる。

『スプリングウォッチ』はだいたい5月ごろに放映されるのだけれど、収録は3月には始まっているそうだ。鳥の巣を見つけるとなれば、相当前から準備は始めているはずで、年末年始ごろには収録の場所を決定し、その中で鳥をはじめとする野生動物の巣を探し始め、一番効果的な絵が取れるはずの場所にカメラを設置し、テストを繰り返しているはず。しかも、どの鳥のカップルが卵を産むか、子育てが最後まで全うできるのはどのカップルか、保険をかけていくつもの巣を同時進行で記録しているはずだ。延べどれだけの人数が投入されているのか、とても興味がある。特にイヌワシなどは巣が山の中の高い木の上なので、巣を見つけるのも大変。カメラが設置できないところでは隠れてじっと観察しなければならず、とても根気と体力のいる仕事だ。

《スプリングウォッチ》が人気を博したからだろう、２００６年から《オータムウォッチ》も始まった。春は鳥が主役で、いろいろな鳥の卵がかえるところから巣立ちまでをレポートするが、秋は森の動物たちが主役。シカなどの大型動物、キツネやアナグマなどの中型動物、そして齧歯類《げっしるい》などの小型動物の夜の生態を、赤外線カメラや森に設置した固定カメラを駆使して観察する。アナグマたちは兄弟で転げまわって遊んだり、だらんとしながらおなかを掻《か》いてみたり。自然の中で生きる過酷さよりも、ほのぼのとした暮らしぶりが伝わってくる。一方、スコットランドのシカは、自分の群れを守るためのオス同士のケンカはがっぷり四つの戦いで容赦がなく、弱肉強食の自然界の厳しさが伝わってくる。

　で、この《オータムウォッチ》、私が一番気に入っているのが「ローデント・チャレンジ」という齧歯類《げっしるい》の障害物競走だ。手の平サイズのネズミの仲間が、出発のＡ点から食べ物のあるＢ点まで、段差のある杭や、細長い枝、ロープで揺れる中継点などを克服して、完走するのだ。最後はエサにありつけるのだから、皆必死。バランスを崩すと池や地面に落ちて、最初からやり直さなくてはならない。木などを伝って近道などできないように、Ｂ点は池の中央や、森にぽっかり空いた空間に設置されている。一度失敗すると、同じところで同じ失敗はしないし、池に落ちてもへこたれない。一所懸命だから、とても微笑ましい。

　この《オータムウォッチ》に続いて、《ウィンターウォッチ》も２０１２年から始まった。春や秋は英国の中部から南部の自然保護区を選ぶことが多いが、冬はイギリス北部、スコットランドなどの険しい自然が舞台になる。天候の過酷さ、そこを生き延びようと必死の動物たち。春とも秋とも違った自然界を見ることができる。

番組では毎回、保護区の中にプレゼンターが拠点にするロッジが作られる。そこで、違う場所からのレポートをライブで受けたり、図表や写真を使って鳥や動物の生態をデータで紹介する理科の授業のような時間もある。単にかわいかったり、おもしろかったりするだけではなく、知識が豊富になる工夫がされていて、プレゼンターも知識と情報をアップデートしなくてはいけない緊張感がある。

みんなが育つまいと言っていた夜店のヒヨコを育てた喜びは、私にいろんなものを「育てろ」きっかけを与えてくれた。メダカや金魚を卵から、サボテンをけし粒ほどの種から、花や野菜も、犬も猫も育てました。育てていないのは人間の子どもだけか。サボテンは今でも私の楽しみのひとつだ。

キツネをめぐる戦争

❦《フォックス・ウォーズ》（2013年）

「町のネズミと田舎のネズミ」という話がある。

田舎のネズミが町のネズミを招待して畑で取れた野菜をご馳走したところ、「こんなものより、もっとおいしいものを食べさせてあげるから町においでよ」と町のネズミが誘う。行ってみると、確かにチーズや肉などおいしそうなものがいっぱいだけれど、食べようとすると犬や人間に邪魔され、いちいち隠れなくてはならない。「びくびくして食べるより、のんびり食べる方がいいな」と田舎のネズミは喜んで、もと居たところに帰って行ったとさ。

英国には、日本だったら「野生」と思われるような動物が人間のそばに住んでいる。公園にはリスがいっぱい駆け回り、ゴルフに行けばシカがコースを横切り、ウサギが草を食む。そして、昼間は姿を見せないけれど、町にはキツネも住んでいる。そんなキツネをめぐって、住民はキツネ擁護派と駆逐派に分かれてお互いを非難する。

《フォックス・ウォーズ　Fox Wars》というドキュメンタリーでは、そんな彼らの心情を取材する。英国では都市周辺に約3万3000匹のキツネが住んでいるという。番組制作者のレオン・ディーンは、「彼らはとても美しい動物だ。エサをあげればかわいい姿を見せてくれて、ますます好きになる。けれど、朝起きたら鶏が殺されていたり、ペットで飼っていたウサギの死骸を子どもが見つけたりしたら、農家や親にとっては最悪だ。そんな経験をすればキツネが大嫌いになる」。ディーンは1年のうちの5か月を取材に費やし、いくつかの町でその問題点を探った。

ノビーは退職して、ロンドン北部に住む。もう5年以上キツネに餌を与えている。毎晩キャットフードを用意して、空き缶をコンコンと鳴らして「夕飯だよ」と合図する。隣人たちは、それが嫌い。庭に穴は掘るし、甲高い声で夜中泣いてうるさい。近くに住むソフィはイライラを募らせる。彼女はバンタム種のニワトリをペットとして飼っている。「もしキツネに殺されたら、絶対に許さない。そうしたら、自分でも何をしでかすかわからないわ。キツネを銃で殺すかもね」。

都市でキツネを見かけるようになったのは１９４０年代のブリストルが最初で、今では中部以南のウェールズとイギリスのほとんどの町で見られる。どこの町にもどこかに食べ物が捨てられているのだから、自然の成り行きともいえる。ノッティンガムの行き止まりの通りを囲んだ町では、各戸が外に餌を置き、カーテンの隙間からキツネの様子を見るのを楽しみにしている。ボブとジョイスの夫婦は監視カメラを設置し、居間にくつろぎながらキツネの訪問を生中継で楽しむ。ボブいわく「並みのテレビ番組より、ずっとおもしろいよ」。

南ウェールズのニューポートに住むジャネットは、庭を電気柵で囲った。「2万ボルトの電流をお見舞いしてやるわ！」と憤る。きれいだった芝生はキツネのフンでやけ、胃がひっくり返るような悪臭を残すという。夜、懲らしめようと長い棒を持って待ち伏せすることもある。

ロンドンでは1平方マイル（約2・5平方㎞）に16匹のキツネがいるという。キツネの平均寿命は14年だが、都会のキツネは2年がいいところ。交通事故で死ぬ場合もあるし、害獣駆除業者に排除されることもある。

ティムはその駆除業者の一人で14年の経験がある。ウサギの鳴き声に似た笛を吹いておびき寄せ、暗視用ライフルを使って殺す。一つの庭で一晩で6匹殺したこともあるという。「殺すのを楽しんでいるわけじゃない。でも悪い病気や虫を持ち込むことがあるから」。田園地帯には都会の7倍の数のキツネが住む。生態のバランスを取るためにも、増え過ぎたキツネは調整しなければならない。リーはこの10年間で２０００匹のキツネを狩った。何時間も待ったり、跡をたどったりと楽な仕事ではない。だから1匹２００ポンド。安くはない。でも、すべての駆除業者が銃を使うわけではない。「フォクサゴン」という会社は、キツネを殺さない。一か所だけ脱出口を残した網を使ってキツネを追い出し、元の巣に戻って来ないようにさせる。

「彼らは悪者に仕立てられるけれど、とても愛らしい動物でもある。だから、望まれないところからは出て行かせるんだ」と設立者のテリー・ウッズ。彼は「フォックス・レスキュー」というチャリティー団体でボランティアとしても働いてもいる。ケガをしたり、親に見捨てられたキツネを保護し、健康にして、自然に戻すのだ。「キツネにだって2度目のチャンスがあっていい」。

「2万ボルトの電流を」と言っていたジャネットはその後、カメラを設置したところ、クサい犯人はキツネではなくネコだったことが判明。その事実をなかなか受け入れられないようだったが、撃退に効果的といわれる、モーション・センサーと同期するスプリンクラーを設置。ターゲットがびしょぬれになって、来なくなるという。

寒くなった頃、友人が庭に出ていると、通りの方から何かが飛んできた。見たらスーパーで売っているような、とり肉だった。誰かがクルマから放り投げてきたのだ。そんなことが２回ほどあり、待ち構えて聞いてみたところ「キツネのため」にいろんな場所に投げているのだという。悪意があってしていることではないので、「うちには投げないで」と言ったらしいが、いろいろな人がいるのだ。

私もたまにキツネを見る。何か残り物が出るとあげたくなる。でも、あまり家のそばに誘うのはお互いのためにならないので、庭の隅の暗いところへ置いておく。運がいいとソーッと近づく姿を見ることができる。しっぽがふさふさで立派だと「健康なんだろうな」と安心する。でも、ちょっと町を出れば、交通事故にあったキツネやアナグマの死体をよく見かける。クルマは時速80キロ以上で走っているので、道を横切ろうとして事故に遭うのだ。

町のキツネは人間の様子に気を遣い、田舎のキツネはクルマに気をつけなくてはいけない。どちらにしても、用心深くて賢くなければ生き残れない。

犬は最高

❦《飼い主と犬の絆コンテスト》（１９７６年〜）

あなたは犬派？　それとも猫派？

私は断然、犬派！　猫も飼ったことはあるし、飼っているときはもちろんかわいいのだけれど、犬のかわいさには到底及ばない。猫好きな人にはあの気儘さ、気位の高さ、優雅な仕草がたまらなく魅力的らしいのだが、私はどっぷり愛情を感じられる犬が好きだ。

英国には《飼い主と犬の絆コンテスト One Man and His Dog》という牧羊犬コンテストの番組がある。初めてその存在を知ったのは25年ほど前、英国旅行から帰った友人が「イギリスには変な番組があるよ。真夜中の放送だったけど、延々と犬と羊が出てくるんだ」といったものだった。コンテストの内容はというと。

舞台はなだらかな起伏に恵まれた、広大な牧草地。イギリス、ウェールズ、スコットランド、アイルランドの国対抗合戦で、それぞれのチームは3組の犬とそのハンドラーによって構成されている。犬種はボーダーコリーが圧倒的に多い。対する羊は5頭。首に赤いリボンを巻いた羊が2頭含まれる。ハンドラーの位置は決められており、そこから遥か遠く、反対側にいる犬に笛や言葉で指示を与える。

①犬は丘のてっぺんから羊を追い、ふもとのハンドラーの下へ導く。②導いたら、あらかじめ柵で作られたルートに羊を通す。その作業をハンドラーの左手、そして右手の2か所で行う。③再び中央に戻ると、そこに描かれた円の中でリボンのついた羊とそうでない羊を分ける。④最後は5頭すべてを囲いに見立てた柵の中へ追い込む。

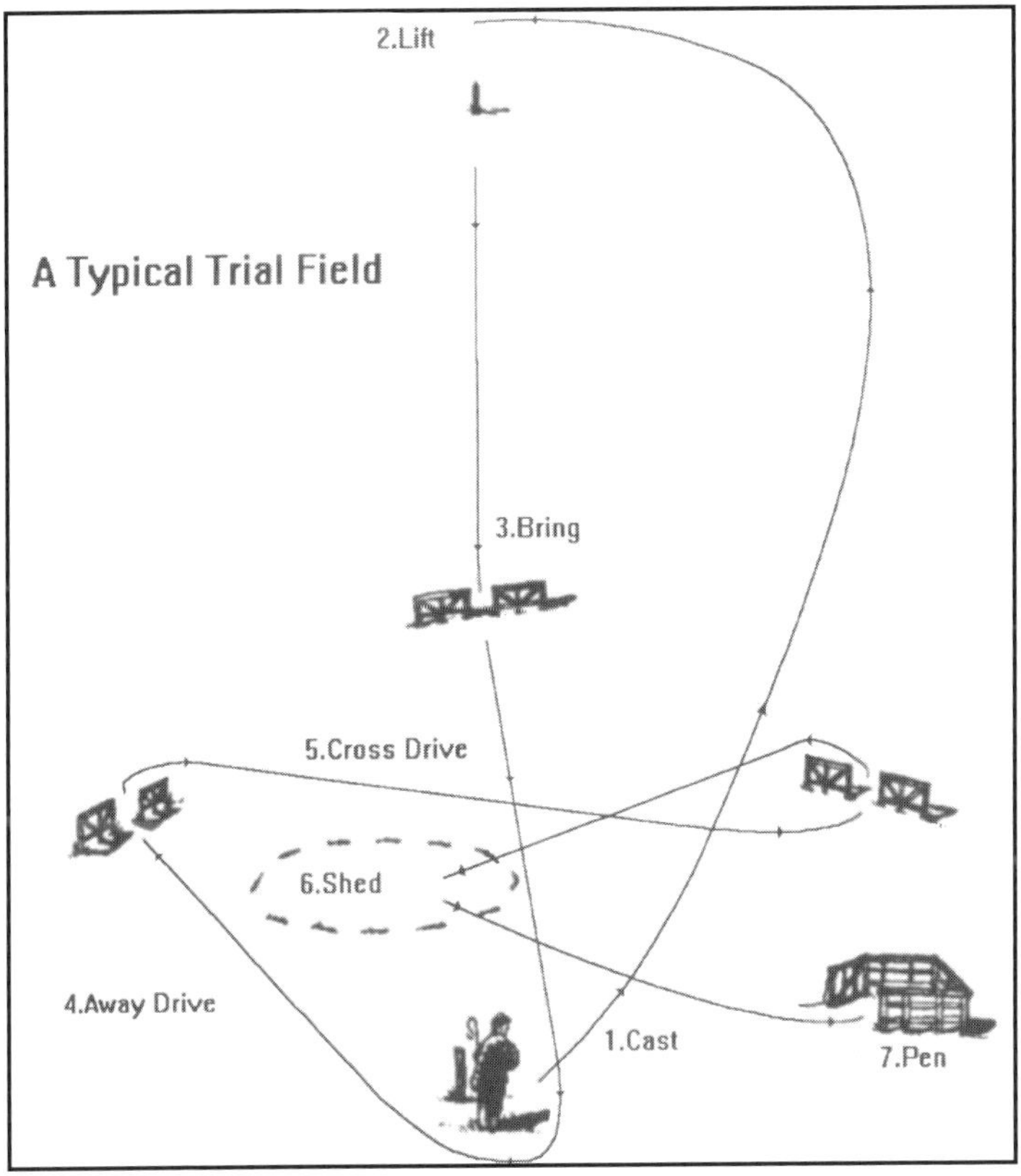

トライアルの一般的なコース

1．スタート　2．追い込み開始　3．ハンドラーのもとへ導く
4．ハンドラーを回り込む　5．フィールドを横切る
6．サークル　7．囲い

この全行程を15分の制限時間内に達成しなければならない。1頭だけ反対方向に走り出したり、頑として動かなかったり、1頭を追えば他の4頭が散り散りになったりと、見ていてイライラするほどコトはうまく運ばない。癇癪《かんしゃく》を起こす犬もいたりして、「そうだ、そうだ。その気持ち、よくわかる」とテレビの前で大いにうなづく。

こちらに来た最初の年、そんなトライアルのひとつを間近に見る機会に恵まれた。私の大好きな犬がそこここに、いっぱい。おお、パラダイス！ それは暑い6月、フィールドのそばには犬が体温を冷やすための小型プールがあった。ジャブジャブ入って出てきた犬は太陽にあたって、またたく間に乾いていくのだけれど、その過程でフワフワふわーんと犬の毛皮から匂いが漂ってきて、それがまた幸せを運んでくる。犬を飼っていたころはそのカラダに鼻を押しつけて、よく深呼吸したものでした。

この番組が最初にオンエアされたのは1976年。2013年からは《カントリー・ファイル》という番組の中のスペシャル・エディションとして放送されている。ハンドラーは男性だけではない。女性もいる。トライアルの課題は単純と言えば単純なのだけれど、それをクリアするには知恵と根気、そして何よりも犬とハンドラーのあうんの呼吸が大切だ。番組内では一人と一匹の日頃の生活が紹介され、仕事場で、家庭の中で、お互いが唯一無二の存在であることがよく伝わってくる。

英国では犬も公共の乗り物を利用することができる。日本のように持ち運びできるバスケットに入れなければいけないということはない。もちろんリードはつけていなければいけないけれど、どの犬もおとなしい。犬同士が乗り合わせても無関心。飼い主が座れば足元に寝そべり、立っていれば足にくっつくようにしてそばに座っている。

ずいぶん前、イタリアの空港でチェックインのために列に並んでいたところ、搭乗者用の行列に犬を連れた男の人がいた。国内線なら犬も飛行機に乗れるの？　英国では国内線でもダメなはず。今でもあの犬と男性はナゾのままだ。

死ぬことは、人生の一部である

余命を知ったら、したいこと

❦《残された時間》（２０１７年）

十代の頃は「死」について、いろいろ考えた気がする。「癌で死ぬって痛いのかな」、「死ぬのは怖いな」。白血病とか骨肉腫などと聞くと薄幸の少女を連想したりした。思春期特有のモノ思いだったのだろう。そこを過ぎるとコロッと何も考えなくなって、ずいぶん経った。

《残された時間 A Time to Live》は、医者から「余命数か月」と言われた12人の人たちへのインタビュー番組だ。ディレクターが冒頭で「これは死についてではなく、生についての物語である」と言うように、不治の病を知った20代から60代までの人たちが、これから向き合う「生」について語る。どの人も、あまり感情を高ぶらせることなく、時にはユーモアも交えて周りの反応や自分のこれからについて話す。質問も率直だ。「もっと長生きができればと思いますか？」。「あなたなしでの娘さんたちの将来が不安ではありませんか？」。「残りの時間をどういうふうに過ごしたいですか？」。

もっと長生きしたいかと問われたフィオナは「いいえ」と答える。「病気以前の自分は常に目標を持ち、一所懸命で、人からの評価が気になったが、今振り返ると、そうしたこと全てがそんなに大切なことではなかったことがわかる。この病気に直面しなかったら、気づかなかっただろうし、そういうことがわからずに生きているよりは、今の方がいい。病気になったことはギフトだと思うようになった。長く生きるよりも、良かったと思う人生を生きたい」。

リサは余命を宣告されたときに48歳。医者からは1年から1年半の命と言われ「でも、娘たちが大学に入るまで、あと3年は必要なんです」。「ノー」。家では娘たちが待っていた。「どのくらい悪いニュースなの？」。「これ以上ないくらい悪いわ」。でも、「あなたたちにはあなたたちの未来があるのよ」。リサは、病気によって人生を左右させられたくはなかった。だから、笑う。「泣いたり、悲しんだりして貴重な時間をムダにはできないもの」。

ケヴィンは69歳の時に癌がわかり、あと2年と言われた。今、自らを自分の死のプロジェクト・マネジャーだと思っている。いかにその日を迎えるか。余命を知って以降、「妻とはこれまでにない、最高の時間を過ごしているし、娘ともよく話すようになった。ただ、息子とはもう8年間話していないんだ。何か間違いがあったのなら、死ぬ前に正したい」。

取材を受けた12人のうち、大部分の人は今過ごしている日常を変えることなく、自分に対して家族に対して、今できることをきちんとしたいと思っている。しかし、なかには余命宣告を機に人生の仕切り直しをした人もいた。

アナベル、51歳。両親を事故で亡くした年、まもなく骨の癌が見つかる。それまで美術教師として、妻として母として生きてきたけれど、「2年半しか生きられないのなら、もうここには住んでいたくないし、毎晩夕食を作るのもたくさん。自由になりたい」と、家を出る決意をする。19歳の息子と16歳の娘も考えに賛成してくれたので、夫には内緒で小さなフラットを買い、家を出た。子どもたちの同意がなかったら、行動には移さなかったという。「それまでは人にどう思われるかを気にするタイプだったけれど、今は他の人の目なんか気にならない。自分勝手に生きている」。絵を描き始め、ずっとやりたかったサルサを習い始め、新たな人間関係を築き始める。余命を知ることがなければ、踏み出せなかった一歩。「もし癌にならなかったら、私の人生は退屈で変わりばえのしない、つまらない人生だったと思う。癌になったから、私は積極的になれたし、自信も持てたし、変化することができた」。

ディレクターのスー・ボーンはこの12人の人たちに2時間から4時間のインタビューをしたというから、放送されたのはほんの一部だ。最初のショックから立ち直り、残りの人生を自分はどう生きようか、すでにいろいろ考えた末のインタビューだったのだろうけれど、誰も取り乱さず、笑顔でこれからのことを語る姿には、感銘という言葉では足りない、心を動かされるものがある。また、このドキュメンタリーを作るにあたってスーは、3つのことを心に決めていたという。①音声は本人のナレーションだけ。夫や妻、家族、友人のコメントは入れない。

②病院、医者、治療の話も映像もなし。③12人の中で誰が死に、誰が生きているかは言わない。辛くなるから考えたくないこと。「自分がいない娘の結婚式。両親が迎えるクリスマス。夫が一人で起きる朝」と言ったリサの答が、とても心にしみた。

最期を知って、始まる旅

❦《死ぬこと：サイモンの選択》（2016年）

日本は自殺大国と言われる。

1995年以降の不況では、年間3万人以上の自殺者が出た。外国人が聞くとすごくびっくりする。自殺するまでの本人の苦しみも辛いが、自殺の後は周りの人間が長く苦しむことになる。「もっと、何かできることがあったんじゃないか」、「なぜ、気づいてあげられなかったのか」。では、予告した自殺はどうなのか。

《死ぬこと：サイモンの選択 How to Die: Simon's Choice》は、治癒が不可能な病気を患ったサイモン・ビナーが、自分の死に方は自分で選びたいと決意し、その選択の行方を追うドキュメンタリー。サイモンはとてもポジティブで明るい、外交的な人だ。「クッ、クッ、クッ」

といろんな場面でこらえきれずに笑ったり、反対に周りを笑いの渦に巻き込むのが大好き。人が集まることが好き、パーティーが好き。でも、そんな楽しい日々をあきらめなくてはいけない日が近づいている。

彼は、成功者と言える人生を歩んできた。高い教育を受け、自分で興した会社は成功し、大きな木と緑豊かな庭に囲まれた家に住み、大勢の友人たちに恵まれて、愛する人がいる。しかしある日、悪性の「運動ニューロン疾患」と診断される。運動神経細胞が徐々に変異して動かなくなる病気。次第に声が出なくなり、物が飲み込めなくなり、呼吸ができなくなる。診断から9か月後には、声を失い、動くことが不自由になり、サイモンいわく「尊厳と男らしさ」が失われた。声が出なくなることはわかっていたので、キーボードで文章を作るとそれを読み上げてくれる、自分の声の質に似た声優を探しだしていた。キーボードを操作し、声が出てくると、「すごいだろ?」というように眉毛を上げ、得意そうにする。そのテクノロジーのおかげで意思の疎通はできるけれど、ある日、その指がうまく動かなくなったことを知る。「もう、これまでだ」。彼は診断を受けた頃から心に決めていたことを実行に移す決心をする。スイスの自殺幇助《ほうじょ》機関「ディグニタス」へ出発する時だと。

妻のデビーは、ずっとその考えに反対だった。病気にかかっていても、これからまだ楽しいことだって、喜びだってあるのではないか。でも、指が不自由になり始めた時、サイモンが首つり自殺を図ったことで、彼の決意を受け入れなければならないと観念する。

彼の親友の一人は言う。「サイモンはもし気が変わったとしても、一旦口に出して言ってしまったことを撤回するのは潔くないと思う人間だ。スイスに行くのをやめたくなっても、言い出せないんじゃないかというのが一番の気がかりだ」。

でも、彼の決心に揺るぎはない。

85歳の母親はスイスに一緒に行くつもりでいる。「息子が生まれたとき、そこにいたんだもの（死ぬ時だって、彼と一緒にいるのが当たり前でしょ）」。

「ディグニタス」で受け入れられるためには、最低2回は機関から委託を受けている医師と面談しなければいけない。決意をよく吟味し、考える時間を本人に与えるために、2つの面談は間隔を置いて行われる。医師のエリカ・プライジグはサイモンに「あなたのパートは一番易しい部分よ。残された人たちは長い辛い時間を過ごさなければいけない。特に奥さんは一生、自分を責めるでしょう」。

サイモンがスイスに向けて発つ日が近づき、家では大パーティーが開かれる。お酒と食べ物、クイズやゲーム。大勢の友人が集まり、おしゃべりと笑いの中で盛大にお別れを祝う。サイモンはメソメソするのが一番キライなのだ。

「ディグニタス」へは、本人が望めば何人でも同行できるが、サイモンが選んだのは家族と友人数名。現地では「いつだって中止していいんですよ。心変わりしていいんです」と言われるが、サイモンの決意に変わりはない。家族、仲間と最後の食事をやはり笑いに包まれながら過ごし、翌日、最期を迎える。

英国では「自殺幇助」を認めてほしいという裁判が何回も起こされている。なかでも忘れられないのは、トニー・ニクリンソンという58歳の男性のケースだ。スポーツが好きで活動的だった彼は、ある事故で「ロックド・イン・シンドローム（閉じ込め症候群）」になる。これは、意識はあるのに体が完全に麻痺して動かせない状態をいい、ニクリンソンの場合も目でコンピュータの文字を追うことでしかコミュニケーションが取れない。24時間の介護が必要で、「この状態で生きるのはもう耐えられない。医師の注射による自殺幇助を許可してほしい」という裁判だった。最高裁で否決されると、彼は号泣した。文字通り、大声で滂沱《ぼうだ》の涙を流したのだ。そして、食べることを拒否して6日後に亡くなる。

「ディグニタス」にしても、そこへ行くのに介助が必要であれば、助けた人は厳密にいえば「自殺幇助罪」になる。サイモンの場合も、すでに車椅子での生活になっていて、介助が必要な状態だったが、誰も罪には問われていない。そういう意味では、ディグニタスに同道した誰も、帰って来て罪には問われていない。そこには、あいまいにしておいた方がいいという暗黙の了解があるのかも。

しかし「もしも」のことを考えて、「ディグニタスに行くのを介助してくれた家族や友人を、後で罪に問わないでほしい」という法廷闘争も多い。また、安楽死を認めてほしいという訴えには、もし法的に許されるようになれば、家族や好きな人と最後まで一緒に過ごす時間を持てることにある。自分で行く体力と、はっきりした意思を表明するためには、まだ生きる余力があるうちにスイスに行かなければならないから。

スイスの「ディグニタス」では、本人が最期をコントロールするのが必須だ。ベッドに横たわるサイモンのそばには点滴が用意されている。その管に、致死性の薬剤を注入するプランジャーはサイモン自身が押さなければならない。様子はすべてビデオに収められ、後で第三者が検証する。

サイモンは最初の決意を変えることなく、予告した通り、誕生日に亡くなった。

スノーマンは、死んじゃったの？

❦《レイモンド・ブリッグス：スノーマンとボギーマンとミルクマン》（２０１８年）

ぬいぐるみがしゃべってくれたらいいのに。

誰でも、小さい頃に一度や二度は思ったことがあるのでは？　私も、もちろん思った。一度や二度ではない。特に悲しいことがあると話しかけたものだ。

《レイモンド・ブリッグス：スノーマンとボギーマンとミルクマン Raymond Briggs: Snowmen, Bogeymen & Milkmen》は、スノーマンでおなじみの絵本作家レイモンド・ブリッグスのドキュメンタリー。世界中で『スノーマン』は有名だけれど、作者はもう亡くなっていると思っている人も多いらしい。どっこい、80歳を超えても現役で、毎日机に向かっている。時々うつらうつらするらしいけれど。

ブリッグスは1934年生まれ。12歳の頃から子ども向けの本の絵描きになりたいと思っていた。「ユーモアや描くことが好きだった」。そこで、ウィンブルドンの美術学校に4年、数々の芸術家を輩出したスレード美術学校に2年通う。この6年の間に、ブリッグスの頭の中から「子ども向け」はすっかり叩き出され、レンブラントやブリューゲルなどのファインアートで一杯になった。

ところが、卒業後、オックスフォード出版のメイベル・ジョージに出会ったことで、本来やりたかったことに立ち戻ることができる。メイベルは当時、児童文学の編集者としては第一人者で、ブリッグスが作品を見せると「とってもいいわ」。「じゃ、妖精について話してみて」と言われ、グリム兄弟やアンデルセンが大好きですと答える。実はそれらを読んだこともなかったのに。「でも、彼女は正しかった。ファインアートではなく、妖精やマジカルな世界を描くべきだったんだ」。「コマーシャル・アート。私にぴったりだ」。

1958年頃から児童向けの本のイラストを描くようになる。1961年には文章も絵も自分が書いた初めての本『不思議なお家』を出版。それまで絵よりも文字が多い本ばかりだったので、絵を主体にした本を作りたいと出版したのが『さむがりやのサンタ』。これが初めてのヒット作品となる。ブリッグスの描くサンタは、私たちが住んでいるような家に住み、寒いのが嫌いでクリスマスが来ると「ああ、またクリスマスか」とため息をつき、冬のトイレは「シートが冷たくてイヤだ」と、小言を言う。そして、プレゼントを配り終えると家に戻って来て、紅茶を入れて一息つき、幸せな気分にひたる。文句を言ってもユーモアがあり、全体が穏やかで温かい。

そして5年後の1978年に『スノーマン』が生まれる。この絵本は本当に絵だけ。文字は何もない。最初に原稿を見せられた時、担当編集者のジュリア・マックリーは涙が止まらなかった。「レイモンドは原稿を読まれるときに同じ部屋にいたくないのよ。原稿を私に渡して自分は散歩に出かけ、読み終わった頃に帰って来るの」。泣いているマックリーを見て「あ、気に入らなかった？」とブリッグス。「違うわ。純粋な幸せの涙よ」。この本によってブリッグスは町で、図書館で、見知らぬ人から「あなたの本が大好きです」、「子どものために買いました」と声を掛けられるようになる。「二世代にわたって読んでくれる人がいる。うれしいことだ。それが続けばベアトリクス・ポターのようになれるかな」。

ブリッグスが描くのはほのぼのした絵本だけではない。新しい絵本を発表するとき、それは彼の人生の変化を表していたりする。

彼はスレード美術学校時代にジーンという女性に出会い、結婚している。写真で見る彼女は健康的で朗らかに見える。才能あるセミアブストラクトの画家だったけれど、統合失調症で精神病院を出たり入ったりしていたという。でも、愛していたから結婚した。「大変なのは彼女の方なんだ。私はただ面倒を見ることしかできない」。

ジーンは白血病を患って30年以上前に他界した。マックリーはお葬式の日が忘れられないという。「彼は、まさしく私の目の前で年を取ったわ。ショックだった」。ブリッグスは前年の1月に母親を、9月に父親を亡くしている。そしてまもなくジーンを失って、作品が全く変わる。1977年に発表した『いたずらボギーのファンガスくん』は、世の中で悪い、汚いと思われていることがすべて心地よい、地下に暮らすカビの一家が主人公。濡れて、汚れて、腐って、臭い世界が大好き。『さむがりやのサンタ』の面影はカケラもない。ブリッグスはこの世界に2年間浸るが、そこから連れ出してくれる女性に出会う。リズ。離婚して2人の子どもがいる。出会って間もなく彼女の家に移り住む。でも毎日、自分の家に帰る。なぜか。牛乳が配達されるから。父親が牛乳配達員だったので、すたれつつあるその職業を応援したいのだ。

リズに出会ったことで『スノーマン』が生まれる。白い、ピュアな世界。カビの地下室とは大違い。21か国で550万部が売れ、アニメーションも作られる。子どもたちは溶けてしまったスノーマンを見て「来年、また雪が降ったらもどって来るの?」と、答えに困る質問をする。

1982年には核爆弾の恐ろしさを描いた『風が吹くとき』を、1998年には『エセルとアーネスト』という両親の物語を描く。結婚して、レイモンドが生まれて、ボヘミアンのような絵描きの息子を心配し、ジーンが嫁では孫は望めないのかしらと気をもみ、最後はブリッグスが痴呆症になった母と、胃がんで亡くなる父親を看取る。家族の笑いと悲しみ、理不尽な死への怒りがちりばめられ、アニメーションを見た観客は思わず涙してじーんとなる。

このドキュメンタリーでは、ブリッグス・ファンクラブとでもいうべき、編集者、イラストレーター、アニメーター、ジャーナリスト、俳優たちがなぜ、ブリッグスの本が好きなのかを語る。誰もが、クスリと誘われる笑い、悲しいユーモア、言葉がなくても心情が伝わる表現力、その表現力を支える常人以上の豊かな感受性をあげる。

実を言えば私は『スノーマン』を読んだことがない。私にとっての「スノーマン」はアニメーションであり、あの音楽だ。でも、最後の溶けてしまったスノーマンを発見する悲しさは同じ。ぬいぐるみに話しかけたり、サンタクロースを信じていたころの懐かしさと悲しさがよみがえって来る。美しく、楽しい話なのに、最後はしんみりする。だから、子どもだけではなく大人も読者の一人になってしまうのだろう。細身でハンサム、ちょっと斜めなユーモアが英国人らしく、穏やかな人柄に私もファンになった。

「死について考えますか？」

「ああ、近くなっているからね。考えざるを得ない」

「あなたの本にはすべて、死があるものね」

「え？　そう？　避けては通れないから」

日本人が、話し合っていないこと

LGBTQという言葉がなくなる日

❦ 《愛することで有罪に》（2017年）

「ハンサムでおしゃれな人は、ゲイなのよね〜。残念」。これは20年ほど前、ニューヨークへ遊びに行った友人が言っていた言葉。現地の友だちを訪ねて行ったので、いろいろな人に会えたらしい。それ以来、私も注意して周りを見て「なるほど」と思うようになった。自分に似合うもの、好きなものをよくわかっているような。だから全体の見映えがするので、結果的にハンサムに見えるのではないのかな。

英国では1967年の「性犯罪法」によってゲイは違法ではなくなり、その法制定から50年経った2017年、ゲイに関するドキュメンタリーやドラマが各局で放送された。《愛することで有罪に Convicted for Love》は、この50年の間にどんなことがあったのか、4人のゲイの男性が自分の体験を語るドキュメンタリー番組。法の制定によって、ゲイであるということだけで逮捕されることはなくなったものの、全く自由になったわけではなかった。「自宅」で

「21歳以上」の「2人」の男性が愛し合うことについては構わないが、一歩外に出たら手をつなぐこともキスも禁止。パブでパートナーを探すような行為はもちろん違法。私服の警官がいろいろなところで目を光らせていた。そして、今よりもずっと宗教が家庭に浸透していたので、「同性愛はとても罪深いことだ」と教えられ、罪悪感に苦しむ若者が多かった。

ジョージは1950年、27歳の時に17歳の男性を大好きになり、自分がゲイであることを自覚する。「初恋だったんだ。とても自然なことで、喜びでいっぱいだった」けれど、当時ゲイは違法で、絶対に隠し通さなければいけなかった。「秘密組織みたいなものさ。お互いを知ってはいるけれど、どこのだれで何をしているかなんてたずねない」。でも、「適齢期を超えてシングルだと噂のもとになる」。

そこで、36歳の時、彼は結婚しようと決める。「私はラッキーだった。ゲイであることを承知の上で、ヴェラが結婚してくれたんだ」。「それはもちろんすごく感謝したよ。絶対に幸せにしようと誓った」。周りは、それが偽装結婚だとは最後まで気づかなかったという。むしろ、仲のいい思いやりにあふれた「お似合いのカップル」として、うらやましがられた。

ジョンの両親は敬虔なメソジスト教徒だ。自分の性的な傾向を自覚した14歳以降、不安と罪悪感にさいなまれて過ごした。1973年に大学進学。18歳の時にポールと恋に落ちてセックスを経験し、「自分は悪い人間だ。生きている価値はない」と思い詰める。そしてクリスマスの頃、ポールから別れを告げられると、素晴らしい経験だったからこそ、その反動でネガティブな気分も強くなり、自殺したいという強い衝動に駆られるようになる。
そんな自分が怖くなって医者に行くと、「ゲイというのはどういうことだと思う?」と聞かれ、「悪いことです。このままでいたくない」と答え、治療が始まる。いわゆる電気ショック療法で、セクシーな男性の写真を見て反応すると電気が走り、女性の写真の時には刺激が来ない。ジョンはそれを1週間に5回、2か月続ける。そしてこの体験は、その後の生活に大きな影響を及ぼすことになる。ゲイであることは変えられず、性生活が不可能になった。

スティーブンは1962年、サルフォード生まれ。「70年代の田舎のワーキング・クラスで生きるのは辛かった。男らしさが賞賛され、ホモは嫌われていた」。16歳になるまでにすっかり孤独感を味わった。同い年の男子に惹かれる自分に困惑し、居心地が悪かった。親には言えないし、年齢が上がるにつれて性の衝動も強くなった。「これはいけないことだ」と考えたスティーブンは軍隊に入る。軍の規律と訓練が自分を変えるんじゃないか。しかし21歳の時に駐屯したベルリンで、ある隊員とキスをし、セックスまでいってしまう。それを酔って寝てしまったと思っていた隊員に見られ、通報され、結局、軍の刑務所に6か月服役することに。軍隊はやめさせられ、親、兄弟に合わせる顔がなかった。

テリーはベルファスト生まれ。若い時は社会から切り離されたような疎外感を味わい、全く幸せではなかった。でも、ある日、アメリカのゲイ・カップルの結婚式のドキュメンタリーを見て、心を揺さぶられる。「すごくパワフルで美しかった」。カップルの後ろに映っていた横断幕の「私たちは、もうひとりじゃない」という言葉に勇気づけられた。１９７４年、ゲイがまだ違法のベルファストを後にして、ロンドンに移る。ゲイの仲間に出会い、ゲイ解放運動にも参加し、まるで、さなぎから蝶がかえったように、自由を謳歌する。でも、長いブロンドで女装してデモに参加する姿は目立ち、警察に目をつけれることに。ある日、手を洗いに入った公衆トイレで、待ち伏せしていた警官に逮捕される。罪名は公の場でゲイの相手を探していた、というでっちあげ。でも、彼は有罪になる。

70年代のゲイ解放運動は大きなムーブメントになったが、80年代のエイズの流行でゲイへの目はまた厳しくなる。しかし英国では今、ゲイは完全に合法。でも、番組で取り上げられた４人は、いまだに犯罪記録に名前が載っていて、それが就職などで障害になっている。その罪名はすでになく、犯罪ではないことになったのに。今、彼らは政府からの正式な謝罪と名誉回復を求めている。同じくゲイで有罪となったアラン・チューリングは２００９年に政府からの謝罪と、２０１２年に名誉回復を果たしている。

今ではもちろん、同性婚は認められているし、ゲイでも赤ちゃんを養子にでき、体外受精で子供をもうけることも可能だ。エルトン・ジョンにはパートナーとの間に２人の子供がいる。

また、ダンスコンテストの人気番組「ストリクトリー・カム・ダンシング」では、同性同士のダンス・カップルがいてもいいのではないかという意見も出ている。ゲイの出場者もいるのでそんな話も出てくるのだが、ＢＢＣは「その計画はない」と否定し、審査員の一人クレイグ・レヴン・ホーウッドはこのアイデアに前向きだ。彼はオーストラリア出身で、英国人女性と結婚して来英、市民権を得て、離婚している。彼がゲイであることから、英国在住資格を得るための偽装結婚ではなかったのかと一時物議をかもしたが、今では何事もなかったかのように仕事に邁進《まいしん》している。

性別を超えようというジェンダーフリーの波はトイレにまで及んでいて、男女の区別をなくす試みもある。性別関係なく使用できるトイレがあったほうが、ゲイや性転換をした人などには使いやすいのではないかということなのだけれど。でも、トイレから出てきたら男性が待っている、あるいは夜、男性と二人きりでトイレに残された、など考えるととても居心地が悪い。ここまでいくとさすがに「行き過ぎ」という意見も出ている。

「ＬＧＢＴＱ」は Lesbian、Gay、Bisexual、Transgendered、Queer の頭文字。この言葉が過去のものになれば、本当に性差別がなくなったということかもしれない。日本では差別があるのかないのか、あっても気がつかないのか、気がつかないふりをしているのか、わからないところがある。

こちらに来てゲイの人はみんなハンサム、とは言えないけれど、おしゃれな人が多いというのは実感する。

移民？ 不法移民？ 難民？ 亡命？

❦《エクソダス（大量出国）：私たちの旅》（2017年）

日本に生まれてよかった。

海外で暮らすと、そう思う日本人は多いのではないだろうか。生まれるところは選べない。英国では、シリアやアフリカの戦争や貧困についてのニュースが、日本よりも圧倒的に多い。それらを見ていると、戦争のない、治安も安定した、よく働き、人柄も穏やかな日本に生まれて、ラッキーだったと思うのだ。世界には、自分の国を後にせざるを得ない人たちがいっぱいいる。

《エクソダス（大量出国）：私たちの旅 Exodus: Our Journey》は、主にシリアとアフガニスタンの難民の人たちが、どんな苦難を経てトルコ、ギリシャにたどり着き、めざす国に向かうのかを克明に追ったドキュメンタリー。今までのドキュメンタリーと全く違うのが、制作サイドが取材対象者にスマホを渡し、各自がそれぞれで撮った映像と、後日のインタビューで番組が構成されていることだ。

ハサンは1990年生まれ。ダマスカスの高校で英語の教師をしていたが、反政府デモに参加して2度逮捕され、拷問によって両手首と片足の骨を折られる。2度目の逮捕の後、ドバイに移って教師を続けるが、ビザをめぐる度重なる嫌がらせを受け、友人と共に2015年イスタンブールに飛ぶ。めざす国は英国だ。イズミールからギリシャへ渡ろうとするが、ボートは定員オーバーで沈み始め、トルコの沿岸警備隊によってイズミールにまた戻される。「救命胴衣は穴あきで使い物にならないし、密入国業者はウソばっかり」。それでも翌日には海を渡り、28日間かけてフランスのカレーまでたどり着く。

難民キャンプは「ザ・ジャングル」と呼ばれ、人員過剰、衛生劣悪で、皆が何とかして英国に渡ろうと必死だ。ハサンも50回以上いろいろな方法を試みたけれど、すべて失敗。最後はなけなしの4000ユーロを使ってベルギーの偽造パスポートを買い、ブリュッセルからロンドンに入って、難民申請を果たす。

イスラは2004年、アレッポ生まれ。レストランを経営していた父と母、障害を持つ妹と2人の弟妹がいる。2015年、祖父母を含めた親戚一同16人でトルコをめざすが、そこまでで所持金が底をつき、イスラと父親のタリクは広場の闇市場で煙草を売ってお金を貯める。密入国業者の言い値を貯めるのに4か月かかる。長女のイスラはしっかり者で、タリクを助け、弟妹の面倒もよく見る。警察の手入れがあるときにはいち早く店じまいをして、仲間にも知らせ、戦渦のアレッポから来たとは思えないほど、いつも明るく人懐こい。しかし、そんな彼女がすっかり無口になってしまう。国境封鎖で、セルビア側で待つ間に赤ちゃんや子どもが死ぬのを間近に見たのだ。「それからは物思いにふけることが多くなった」とタリクは言う。一家は無事にドイツに到着する。

アーマドはクルド系シリア人。アレッポで育つ。２０１２年に結婚するが、その2週間後にひどい爆撃があって家に戻れず、クルド系だった彼は身の危険を感じて、イラクのクルド人地区に移りユニセフで働く。しかし3年後、状況はさらに危険になり、「シリア難民は比較的早いプロセスで難民申請が受理される」英国をめざすことになる。

２０１５年5月、密入国業者のボートに乗るが、ハサンと同様の結末に。それでもブリュッセルまで進み、英国への道を探る。偽造パスポートの業者とも接触するがうまくいかず、「トラックが止まればそこは英国だから」と密入国業者にいわれるままタンクに入ったら、酸素が足りなくて呼吸困難に。壁をガンガン叩いて知らせたら、運転手はあきれて「無茶なことを。このトラックはイタリア行きだよ」と言われる。それでも再度、トラックの荷台の隙間にトラ身し、無事英国へ。「真っ暗な中でケータイをオンにしたら、「Hello」って出たんだ！」。

サディクは24歳。それまでアフガニスタンから出たことがなかった。ものごころついた頃から戦争で、一家は戦争を避けるために国中を移り住んだ。子どもの頃、タリバンに「宗教上の規律をおろそかにした」ということで手を打ち据えられ、父親がひどく殴られているのを見て、国が嫌いになる。両親が亡くなり、彼は自分の運を試したくなった。「ヨーロッパに行ってきちんとした職に就き、良い人生を築こう」。

友人のアバスと共にカブールからパキスタン、イランを通ってトルコに入る。彼はどういうわけか「フィンランドに行こう」と決めていた。自分でもなぜかわからなかったが「きっといい人たちだ。僕たちを受け入れてくれる」と信じていた。途中のスウェーデンで、チャリティ団体から極寒で必要なジャケット、ブーツなどを提供してもらって、ますます北の国への憧れが高まるが、難民申請は却下される。

彼らが渡されたスマホからは、爆撃で土色の町となったアレッポ、水がどんどん入って沈没しそうになるボート、密入国業者が配った使い物にならない救命胴衣の山、ギリシャ側に着いた時の喜び、何もない道を黙々と歩く人たち、ぬかるんだ地面にシートを敷いて雨をしのぐ家族など、苦難の行程が見て取れる。トルコに着くまでは彼らが撮った映像だけだ。大陸に着いてからはカメラクルーが同行している様子がうかがえる。

登場するのはこの4人だけではない。瓦礫になったアレッポで長旅のためのブーツを買う人、道中を心配して靴下にお金を忍ばせる母親、長男だからとブルカ姿の姉3人を連れて脱出の旅をする若者、ドイツで子どもを産みたいと願う臨月の女性など、その人生はさまざまで、旅で出会う困難もいろいろだ。国境閉鎖で足止めされること、難民キャンプでのいつ終わるともわからない生活が、一番辛そうだった。

日本はこれから、労働者としての外国人を受け入れることになるのだろう。そして、情勢によっては難民が来ることもあるかもしれない。この人たちにも私たちのように家族がいて、日本で結婚して家族ができる人も現れるかもしれない。日本に住んだら、気に入る人は多いと思う。その人たちを、どうやって日本の社会に取り込んでいくのか。考えている時間はあまりないような気がするけど。

戦争と慰霊と記念日と
❦《第一次世界大戦：パッシェンデールを忘れない》（２０１７年）

私は宗教にも政治にもあまり関わらないで生きてきた。

何かのデモに参加したこともなければ、意見をどこかに投稿したこともない。そういうことに関わると自分の意図したことではないのに、「右」、「左」、「敵」、「味方」に振り分けられて不愉快な経験をするだろうことが想像できるから。人の気持ちは黒白では分けられない。これには賛成だけど、それもわかる、などグレーの部分が大半なのではないか。でも、宗教や政治こういうグレーを許さない雰囲気があって、何か意見はあっても近づかないのが一番だと思っていた。

その気持ちは今も変わっていない。でも英国に来てから、戦争に勝った国と負けた国では、こんなに違うものなのかと感じ、日本のあり方を少し考えることがある。その最大のものが戦死者に対する慰霊の姿勢だ。


英国に来た最初の年の11月、スーパーで買い物をしていたら、客が一斉に止まった。音もまったく無くなった。私は何が起きたのかわからず、そっと歩いて棚のモノを取ったりしたが、少ししたら何事もなかったようにまた買い物が始まった。これが私が初めて出会った「リメンバランス・デイ」だ。帰宅した夫にそのことを話すと、「それは11時の黙禱《もくとう》の時間にちょうど居合わせたのだろう」と言われ、その日が第一次世界大戦の「戦没者追悼記念日」であることを知った。１９１８年11月11日11時に戦争が終結したことからジョージ５世によって記念日が定められ、王室が主催するセレモニーは毎年この日に一番近い週末に行われる。その日が近づくと大戦に関するドキュメンタリーやインタビューが放送され、大戦を経験した兵士の最後の一人が亡くなったときもニュースで伝えられた。

そして２０１７年は「パッシェンデールの戦い」から１００年ということで、ベルギーのイープルで７月末の週末に式典があり、《第一次世界大戦：パッシェンデールを忘れない World War One Remembered: Paschendaele》という、その戦いを振り返る番組も放送された。

この戦いはその悲惨さでは「ソンムの戦い」に匹敵すると言われる。たった８キロの攻防戦

クリスマス休戦で１日だけ英軍と独軍が
サッカーをした場所を記念して

で連合国軍側で32万人が、ドイツ軍側で26万人から40万人が戦死したと言われ、その地域では今でも毎年約30人の兵士の遺骨が発見されるという。その戦死した兵士たちの墓地がイープルの郊外に多数点在する。そこを維持、管理する団体もあり、芝生の中に白い墓石がきちんと並び、花も咲き、しっかりと管理されている。遺体が見つかった兵士は名前がわからなかった場合は墓石に無名と記され、遺体が発見されなかった兵士については石造りの廟に所属部隊と名前が彫られている。

そしてスーパーでの黙禱をささげる姿が象徴するように、誰もが戦没者を敬い、誇りに思っているように見える。日本は8月に広島と長崎で行われる式典が大きなものだと思うが、その原爆が落ちた時間に、その人がいる場所で、黙禱する人がどれだけいるだろう。どんどん戦争を知らない世代が増えて、語り継ぐ人も少なくなって、本当はどういうことが起こって、その後の世界がどう変わったのか、わからない、興味がない人が増えるのではないか。私もその一人だ。だから、英国の「戦没者追悼記念日」の迎え方を見て考えさせられるものがあった。

そして毎年、記念日に近くなると慰霊の象徴であるポピーの赤い花を胸につける習慣がある。それは紙製だったり、プラスチックだったりいろいろだが、テレビのプレゼンターや出演者は競うようにしてつける。前は11月に近くなるとつける人が増える程度だったのが、9月や10月からつける人が増えだして、それはなんだか「つけない人は非国民」と言われているようで、居心地がよくない。そして、この日を肯定的に捉える人ばかりではない。英国には二つの大戦で、あるいは中東やアフガンの戦争で、英国人に自国民を殺された人もいるのだから。はっきりした理由があってつけない人もいるのだ。

私は深い考えもなく、こちらに来た2年くらいは募金活動くらいのつもりで、買ったポピーをつけていた。ところが、ある年、コートに着けたままロンドンを歩いていたら、外国人の男性が「それが何を意味しているのか、わかっているのか」とケンカ腰で聞いてきた。「大戦で亡くなった方への慰霊の気持ちですけど」。「英国人がキミたち国民にしたことも分かっているのか」、「そんなもの、着けていていいのか」。

私の英語力のせいで、言われたことを全部はわからなかったけれど、大勢の通行人の中で「辱め」を受けた気分になった。確かに第二次世界大戦では戦った相手なんだし、ポピーなんかつけていてはいけなかったのかもしれない。でも、国を思って命を落としたということでは同じなのではないか。慰霊としてポピーをつけるのはいけないことなのか。でも、私はその日以来ポピーをつけていない。募金はしても、ポピーは受け取っても、身にはつけない。

英国の「戦没者追悼記念日」を通して、日本のことを考える。未だ遺骨が帰国できていない戦死者も大勢いる。亡くなるときに、何を思ったのだろうか。今の日本を見て「この国のために死んで悔いはない」と思ってくれるのだろうか。

英国に来て、私はもっと日本のことを考えるようになった。

3 リアルな英国

英国人の胃ぶくろ

ベイキングの女王、健在

❦《グレイト・ブリティッシュ・ベイク・オフ》（2010〜2016年）

１９９０年代、「料理の鉄人」という番組があった。「鉄人」と呼ばれる、各国料理を代表する当代一とされるシェフが、毎回「我こそは」と自信に満ちたプロ、アマの挑戦を受けて、課題の食材を使って料理の腕を競い、審査員の判定を待つのである。食材は番組冒頭に公表されるので即興性が求められ、制限時間内に何品か作らなければならない。「鉄人」が負けることもあった。

《グレイト・ブリティッシュ・ベイク・オフ The Great British Bake Off》はベイキングのコンテスト番組。２０１０年にＢＢＣ２で始まり、メキメキと視聴率を上げて２０１４年からＢＢＣ１に昇格。７年間続いた国民的人気番組だった。職業も年齢もさまざまな12名のアマチュア・ベイカーが腕を競い、毎回、その週の最優秀者（スター・ベイカー）とその回で番組を去る最下位が選ばれる。挑戦者は一人ずつ減っていき、最終回で残った3人が競ってチャンピオンが決まる。チャンピオンになると、念願だった小さなティールームを開いたり、新聞でレシピのコラムを持ったりと、人生に新たな扉が開かれる。大好きなベイキングが仕事になる人も多く、アマチュアがプロになる登竜門ともいえる。

審査員は二人で、一人はメアリー・ベリー。キャリアはガス会社の販促要員として、ガス・オーヴンを使った料理やお菓子を実演したことから始まる。彼女のレシピ通りに作れば、誰でも同じものが易しく簡単に作れるということで、出す料理本は人気となり、雑誌のコラムをかかえ、自分の料理番組も持った。言ってみれば「ベイキングの女王」。80歳を超えてもまだまだ元気です。もう一人の審査員は、ポール・ハリウッド。ベリーよりずっと若くて50代。こちらは同じベイキングでもパンの大御所。英国内外で修業を重ね、ホテルなどのヘッド・ベイカーを務め、この番組の出演によって名前は全国区になった。

番組は３つのパートで構成されている。一つ目は「一般部門」。誰もが知っているパンやケーキが題材で、詰める具やカタチはそれぞれの創意による。挑戦者にとっては作りなれたものばかりなので、その中で突出するために目新しい素材や材料の組み合わせで工夫する。二つ目は「技術部門」。審査員のどちらかから課題が出される。挑戦者には課題はその時まで知らされず、基本的なレシピしか渡されない。極端に難しいわけではないけれど、挑戦者にとっては今までに作ったことがないという課題が多い。視聴者には、審査員が作った模範のケーキあるいはパンと挑戦者のそれを比べる楽しみがある。最後は「総合力部門」。挑戦者が持てる技術とセンスのすべてを投入するチャレンジ。味はもちろん、オリジナリティーが重視され、外見もプロ並みの仕上がりが求められる。

会場は、広大なガーデンに張った特大のテント。収録はいつも春ごろらしく、まぶしいほどの緑のなかで腕をふるう。テント内にはチャレンジに必要なすべての器具や材料が揃えられ、挑戦者は毎週、1泊2日で参加する。ライバル同士だけれど、参加するうちに仲間意識も芽生え、誰かが落選していくたびに別れを惜しみ合う。ベイキングが得意なお母さんだけではなく、大学生の男子や女子、定年退職した男性など、プロフィールは多彩だ。

しかも、必ず何かアクシデントが起きる。番組側が用意した使い慣れない調理器具を使うため、焼く時間が十分でなかったり、時間不足でみすぼらしいデコレーションになったり、冷蔵庫のスペースを間違えて、結果他の人の足を引っ張ることになったり。そんな思わぬ展開が、番組の魅力でもある。

番組が成功した理由は、挑戦者たちのレベルが半端ではないこと。この日のために家でずいぶん練習をするらしく、「一般部門」と「総合力部門」は毎回とても見事な出来ばえだ。そして、審査員二人のにこやかだけれど歯に衣着せぬ率直な講評。素晴らしいものには惜しみなく賛辞を送るが、失敗作には容赦がない。加えて、審査員と挑戦者を結ぶ潤滑油の役目を果たす二人のプレゼンター。イヤミがなく、本業がコメディアンなので当意即妙の一言があったりで、パニックになりがちな挑戦者の気分をずいぶん救っている。

こうしたコンテスト番組はいろいろあるのだけれど、感心するのが「今週は誰が落選するのか」が決して漏れてこないことだ。放送は夏から秋にかけてだけれど、収録は5月か6月には終わっているはず。なら、参加者の家族、友人、ご近所、絶対に知っていると思うんだけれど。漏れてこない。もちろん、最終的にだれがチャンピオンになったかも内緒。ウェブ上でネタバレがあるとしても、直前だ。

しかし、この人気番組、他局に移ってしまったのである。どうして?!　制作プロダクションとＢＢＣの間で契約金の折り合いがつかなかったのだ。視聴者数は当初の２００万人からピーク時には１５００万人にまでふくらみ、最後の年も１０００万人台で推移していた。ＢＢＣが生み、育てた番組と言っていいのに。

金額の交渉は１年以上に及んでいたという。ＢＢＣのオファーは１５００万ポンド、チャネル４のオファーは２５００万ポンド。ＢＢＣのオファーはそれでも前年度の倍である。でもプロダクションにしたら「こんなに成功しているのに」と不満だったのだろう。そしてチャネル４にとってはお買い得。チャネル４の最も人気がある番組でも視聴者数は５００万人。あるメディア・アナリストによれば、「ベイク・オフの１シーズンの放送が11回として、広告収入は放送1回につき300万ポンドが期待できる。30秒CM枠に5万ポンドから10万ポンドのプレミアム・レートが設定されれば2500万ポンドの投資は、十分回収できるだろう」。

でも、いくらビジネスとはいえ、他局が育てて大成功した番組をそのまま買っていいの？ プロダクションは番組を育ててもらった恩義というものを感じないの？ 「それってあり？」と感じることが今までにもあった。アメリカ制作のヒット作《マッドメン》は最初はそれほど注目されていなかった。BBC4で放送され、それが十分視聴者を魅了して人気がピークになったところでスカイがさらっていった。《トップギア》、これも人気のある番組だったけれど、BBCからアマゾン・プライムに契約は移り、《グランド・ツアー》と看板だけ変えて同じプレゼンターで継続している。契約という概念については日本よりずっとシビアだと思うのだけれど。だからこそ、金の切れ目が縁の切れ目？

「フォーミュラ1」もゴルフの「全英オープン」も、もうBBCでは見られなくなった。スカイが放映権を買ったから。英国に住んでいながら、「全英オープン」が見られないなんて！新生《ブリティシュ・ベイク・オフ》は、最初こそオリジナルファンの不評を買っていたけれど、今は定着し、とても人気があるらしい。メアリー・ベリーも、コメディアンの二人も新番組には移らなかったけれど、ポール・ハリウッドは審査員として出演している。

私はバブルの時代は知っているけれど、その恩恵を受けたわけではない。営業職でもなかったし、ぺーぺーだったから接待をすることもされることもなかった。しかし、唯一バブルに片足を突っ込んだかな、という思い出が道場六三郎氏の「銀座　ろくさん亭」に行ったことだ。あの頃は海外の有名店が日本に進出し始め、おしゃれでおいしい店が続々と開店した。接待にけ縁がなかったけれど、西に○○があると聞けば出かけていき、東に○○と聞けばのぞきに行った。お財布は薄かったけれど、好奇心ははちきれるほどあった。

日本はリーズナブルな価格でおいしい店が多い。こちらでは、田舎に住んでいるということもあるけれど、ほとんどレストランに行くことがない。コスト・パフォーマンスがいいと思えないから。高くておいしいなら当たり前。高くてそこそこだったら行く必要はないからだ。

国民的お持ち帰り

《英国で人気のお持ち帰り：フィッシュアンドチップス》（2017年）

お気に入りの出前は何でしょう?

わが家は、お客さんが来るとたまに寿司の出前を取ることがあったが、他にはあまり記憶がない。ひとり暮らしを始めたら、それがわかってしまう出前なんて、危険な気がして頼む気にはならなかった。もし注文するなら、一人でも二人前を頼んでいただろう。というわけで、私は出前事情に全く明るくない。昔は出前と言えば、寿司、麺類、丼ものだった。ピザが注文できるようになったのは知っているけれど、今はもっといろいろおいしいものが頼めるのだろう。

日本語のテイクアウトは英語のテイクアウェイ。《英国で人気のお持ち帰り：フィッシュアンドチップス The Best of British Takeaways》は、英国で一番おいしいフィッシュアンドチップスの店はどこかを決めるコンテスト番組。魚の揚げたものとフライドポテトのセットだ。店によっては店内で食べてもいいし、持ち帰りもできる。番組ではベストと言われている3つの店にフォーカスをあてる。

1つ目はハルにある「パパス」。祖父が始めて今は3代目が店を仕切る。世界で一番大きなフィッシュアンドチップス店としてギネスにも載っている。取材中も400人が行列。毎週2000人前分を売るという。魚につける衣には祖父の代から受け継がれている秘密があるのだとか。2つ目の店はデヴォンの「クリスピーズ」という夫婦二人でやっている海辺の小さな店。ここはオレンジ風味の薄い衣をチップスにまぶして揚げるのが人気らしい。3つ目はカムデンにある「フック」。ミシュランスターの店で修業を積んだサイモンは、世界のスパイスを使ってアルゼンチン風、エチオピア風などのユニークなフィッシュアンドチップスを提供する。衣に日本の天ぷら粉を使ったりもする。

コンテストはブリクシャムという入り江が美しい小さい港のテントで行われる。課題は3つあり、最初はスピード。ファストフードの命だ。パリッとした衣の魚と表面はパリッ、中はホクホクのチップスをいかに早く提供できるか。おいしく、バラツキなく、7人からの注文をいかに早くこなすかが課題だ。2番目は魚についての知識。種類や鮮度の見分け方の優劣を競う。

3番目はオリジナルのフィッシュアンドチップスの開発。

「パパス」はハドック（タラの一種で小さめの魚）に、「クリスピーズ」はコッド（タラ）にこだわりがあり、「フック」はスパイスを使ったオリジナルな味つけに特徴がある。審査員はミシュランシェフのトム・ケリッジとシーフード・レストラン経営者のミッチ・トンクス。英国に1万店以上あるフィッシュアンドチップスの店から絞り込まれた3店なので、審査員は決めかねたようだったが、1位は「早い、おいしい、安い」のファストフードの正統を行くハルのパパス」だった。

フィッシュアンドチップスはファストフードの一部だけれど、ファストフード全体で見ると２０１４年からの４年間で４０００店も増えたという。でもその多くは経済的に貧しいエリアで、その数は裕福な地域の５倍になるという。

私がフィッシュアンドチップスを初めて食べたのは、英国へゼミ旅行で来た大学生の頃。田舎の町の、「ココが一番おいしい」と言われる店に連れて行ってもらった。新聞紙にくるんだ揚げたてに、塩とモルトビネガーをふりかけて食べ、アツアツがおいしかった。でも、おいしいと感じるのは半分ぐらいまでで、衣のパリパリ感がなくなってくるころには飽きてくる。

日本にはステキな「てんぷら」という食べ物があるのだから、口の中が傷つきそうなほどトゲトゲした厚い衣は、さっくりとは言ってもやはり重い。日本のように、量は少なく、いろいろな品数を食べる文化からすると、大きな魚の切り身とじゃがいもを揚げただけの食事は大味だ。でも、だからこそ鮮度が大切ともいえる。じゃがいもは日本のお米のように、いろいろな種類があり、チップスは本当においしい。量はあんなにいらないけれど、英国人がチップスが好きなのはわかる。

　英国のお持ち帰りといえば他に、インド料理、中国料理、ピザがある。特にインド料理は店の数も多く、競争が激しい。英国人が大好きなチキン・ティッカ・マサーラはインドにはなく、英国で生まれたインド料理。ある程度の料金（だいたい2人以上の注文）を超えると、出前もしてくれる。日本の出前は、容器を洗って外に出しておくのがエチケットだけれど、こちらはすべて使い捨て容器なので、その点はラク。でも、環境のことを考えると日本のやり方が良さそうだ。でも、英国人が使った容器を洗って返すなんて、ちょっと想像できない。ムリじゃないかな。

酒飲みの言い分

❦《私のような酒飲みについて》（2018年）

「なぜ、あんなになるまで飲むの？」。

　新橋駅周辺の、へべれけサラリーマンがいっぱい映っているニュースを見たときの夫からの質問。英国では若い人の酔っ払いや騒動は多いけれど、ネクタイ姿で路上に寝てしまうような人は見たことがない。そんなことになったら身ぐるみはがされるし、そもそもアルコールに強い体質なのだと思う。

《私のような酒飲みについて Drinkers Like Me: Adrian Chiles》では、ＴＶプレゼンターのエイドリアン・チャイルズが「なぜ、自分は酒を飲むのか」という長年の疑問に対する答を探す。どんなに飲んでも「誰かとケンカしたり、路上に座り込んだり、起きたら知らない人が隣にいたなんてことは一度もない」から「アル中ではないし、ごく普通のナイスな酒飲みだ」というけれど、本当にそうなのか。

英国では飲酒のガイドラインを男女とも、週に14ユニットまでとしている。これはビールなら週に７パイント（１パイント＝５００㎖）、ワインだと１本半まで、ということになる。これを超えると飲酒が原因の病気にかかりやすいというわけだ。

ある晴れた夏の週末、彼は朝の10時半から飲み始めている。理由は「キックオフ（プレミア・リーグの）が早いから」。「酒を飲む理由は、何でも見つけられる」。サッカーファンの友人たちと飲み始めて、１時間後には４パイントを消化していた。もちろん、試合の後も友人たちと出かけ。ある日、友人の40歳を祝う誕生日パーティーに出かけた。翌朝、前日のことを思い出しながら、ケータイにダウンロードしてある「飲酒ユニット計算表」に入力していく。すると、32ユニット。「１週間したら３倍じゃきかないかも」。

彼は、かかりつけ医や依存症全般を専門とする精神科医などを訪れ、飲酒が心身に与える影響についても質問する。血液検査からは悪いところは見つからないと言われるが、肝臓をスキャンしてみると、若干の硬化と脂肪肝であることが判明する。「このまま行くと肝硬変ですよ」。また「ヘビー・ドリンカーの半分は、不安や極度の落ち込みを紛らわせようと酒を飲んでいる」。チャイルズ自身もその2つのための薬を処方されている。

最後に、30年以上前に禁酒した、友人でありコメディアンのフランク・スキナーを自宅の「酒なしランチ」に招待する。食事中に一杯やりたくなるのがわかるスキナーは「いいから、1パイント飲みなさいよ」と勧める。「やめる必要がないなら、やめなくていい。私みたいに天井にクモがゾロゾロしているのが見えた、なんていうなら話は別だけど」。「お酒を飲みながら得られる楽しさに、代わるものなんてないんだから」。

さて、2か月後。彼はモーレツな努力をして休肝日を作り、「おいしくない」ノンアルコール・ビールを飲み、週に25ユニットまで酒量を減らしていた。後日、ノンアルコール・ビールの品定めも発表した。おいしいノンアルコールを見つけたらしい。

私は彼がBBCの帯番組を担当していたころを知っている。女性のプレゼンターと二人でゲストを迎え、まもなく始まるその人のドラマや芝居、リリースされる音楽や本について話を聞く、リラックスした和やかなおしゃべり主体の番組だった。ユーモアがあって、話にのせるのが上手で、仕事を楽しんでいるのが伝わってきた。でも、BBCが金曜日だけ彼よりもネームバリューのあるプレゼンターを起用したことで、ヘソを曲げ、2010年にBBCを去ってしまった。「そこまでしなくても」と思ったけれど、彼のプライドが許さなかったのだろう。その後、他局のモーニング・ショーのプレゼンターになるけれど、視聴率が振るわず、２０１２年にクビに。しかも、それがきっかけで「不安障害」になり、続いていたサッカー番組のプレゼンターも２０１５年に降板することになる。

恥ずかしいことはいっぱいしてきたけれど、どれも酒が原因ではないです。離婚も酒が理由ではないし、一人だから、暗い家に帰りたくないから酒を飲むわけじゃない。ただ、誰かとおしゃべりする時に1パイントか２パイントあると楽しい、っていうだけなんだ。何も変じゃないでしょ？　そこが問題なんだ」

彼は番組の中でとても正直に、率直に、なぜお酒を飲むのかについて話す。他の人にインタビューする時にも、一人の酒飲みとして聞くのであって、番組の聞き手として何かを意図して引き出そうとか、上から目線になることは全くない。

番組が放送された後、長年応援しているサッカー・チームの試合を見に行った。ハーフタイムになった時、大柄な男たちが椅子を乗り越えてやって来て、「飲む量は減ったのか」、「どうやったんだ」、「前より気分はいいのか」と矢継ぎ早に聞いてくる。

「オレは飲み過ぎだと思うか」

「どのくらい飲んでいるの」

「週に50パイント」

「もし50パイントの１杯ずつを心から楽しんで、おいしいと思うなら続けても問題ないと思うよ。でも、正直、どの1杯も本当に楽しくて、飲みたくて、飲む必要があるって言える？」

「ウン、いいとこ突いてる」


彼はテレビを去ってから、ラジオに活路を見出した。もともとおしゃべりが好きなわけだから のびのびと仕事をし、満足度も高いらしい。そして、節度ある酒飲みになったという。

「節酒というのは断酒ではないから意味がないという人がいるけれど、そうじゃないんだ。節酒するということは毎週、何百回も飲むか飲まないかを考え、決断することなんだ。それは、ボクには意味がある。そして、飲むことを前より楽しめるようになったよ」


私は「週に一度は休肝日」という日本の標語を信じていたが、最近の研究では酒は飲まなければ飲まない方がいいらしい。大半の日本人はアルコールを分解する酵素が不足していて、ある量を超えると眠くなるか、気分が悪くなって大量には飲めない。その最たる状態が、新橋駅のサラリーマン。一方、酵素がある人は飲んでも見た目変わらず、飲もうと思えば飲み続けられるので依存症になりやすい、ということらしい。

とりあえず、私も「飲酒ユニット計算表」をダウンロードしてみた。アルコール度数と量を入力するとユニット数を計算してくれる。とても便利。気になるなら、やめればいいのにね。

だったらいいなあ、を実現するために

「タンスの肥やし」は世界共通？

❦《着てはいけない》（2001～2007年）

最近、買いたいものがみつからない。

若い頃は「あれ、いいな」、「これも欲しいな」とデパートに行く楽しみがあった。バッグでも服でも靴でも、なぜあんなに欲しかったのだろう。勤めていたからということがあるかもしれないが、買う楽しみがなくなった最大の理由は、自分に何が似合うかわからなくなったから。好きな色、好きなデザインは若い頃とあまり変わっていない。でも、自分の外見はサマ変わりした。そこで、自分が好きなものが必ずしも似合うものではなくなってしまった。そして、自分の欲しいものがどこにあるのかわからない。

《着てはいけない What Not to Wear》は、視聴者参加型ファッション改造番組。毎回ある一人に焦点をあて、その人のファッショナブルとは言えない服装を分析、批評、激励を通して大改造するのである。大体はその人の友人や家族が「彼女の服装を何とかしてほしい」と番組に応募する。

番組は参加者の普段の生活を隠し撮りしたフィルムを見ながら、応募者がプレゼンターのトリニーとスザンナに何が問題だと思うかを話すところから始まる。たとえば「もう若くないのに、若い頃と同じような服を着る」とか。ああ、イタイ。

そして、参加者登場。持参した服の中から自分が一番似合うと思う服装をし、何が似合っていない原因なのかをプレゼンターが指摘。そして360度が鏡のブースの中に下着姿で入れられ、自分の姿と対峙することを求められる。このとき、指摘はいろいろされるのだけれど、必ず「あなたは足がまっすぐでとてもきれい」とか「胸の形がいい」とか、良いところも指摘してくれる。そして2000ポンドを渡され、自分も納得したアドバイスをもとに買い物に出かける。これは、今ある自分のワードローブと引き換えに、ということになる。

トリニーとスザンナは彼女の家に出かけ、タンスから「これは、もう時代遅れ」、「これは、色が似合わない」などの理由を挙げながらどんどん捨てる。時にはハサミでジョキジョキ切ってしまう。他人の物をそんなにしていいの？

買い物に出かけた参加者は、ついアドバイスを忘れてブレることも。その様子をモニターで見ているトリニーとスザンナは大急ぎで店に駆けつけ、ショッピングをヘルプする。その後、ヘアスタイリスト、メークアップアーティストの手を経て大変身。仕上げは家族、友人が集まっているところへ登場して、一同、喜びの驚愕で幕を閉じる。

トリニーとスザンナは近藤麻理恵さんが登場するはるか昔から、「ときめかないものは捨てましょう」をやっていたわけだ。二人はファッション・アドバイザーであり、プレゼンター。変身する本人を前にズバズバと耳の痛い指摘をするが、それが的を射ていて本人も納得する。その後の長所を目立たせ、短所を隠すプロの指導はとてもお見事。最後に、友人・知人の前に現れる参加者は自信に満ちて、性格まで変わったのかと思うほどだ。

それにしても、毎回驚いたのがトリニーとスザンナの服の捨て方の潔いこと。あのくらいきっぱり、迷いなく決断しないと変身はできないということだろう。だから、私は変身できない。つい、いくらだったとか、もうちょっと痩せたらまた着られるかもしれない、などと思って捨てられない。

でも、そういう人はいるんだなと思ったのが、ドン小西のコメントを聞いた時。あるパーティー会場から出てくるタレントや文化人の服装を彼が批評するのだが、ある女性の服装について「ブランド名はすぐわかる。でも、いかにもデザインが古い。とても丁寧に扱って大切にしているのはわかるけれど、もう捨てないと」。ウンウン、私に言っているのね。

人変身の後、二人が参加者を訪ねることもある。大体が元に戻ってしまっているが、たまに、アドバイスを忘れずにステキなままで再会できる人もいる。私の場合は、とりあえずみみっちい考えは捨て、潔く服も捨て、３６０度の鏡の前に立つことでしょうか。

制服は、3割増しでカッコいい

❦《レッド・アローズ》(2009年)

毎年、夏には航空ショーがある。

8月の半ばに4日間の日程で行われる。このおかげでホテルは満杯になり、食べ物や飲み物の屋台は大盛況、子供たちをどこかに連れて行かないとと思っている親たちにとっては「あてにできる」イベントで、旅行産業が収入の大きな柱であるこの町には大切な週末だ。ショーの目玉はレッド・アローズ。現役パイロットの花形だ。

BBCの《レッド・アローズ Red Arrows》は、入隊希望者をテストする過程を描いたドキュメンタリー。すでにロイヤル・エア・フォースの隊員の中から選ばれた9人のエリートが、キプロスにある基地にやって来る。長年の夢かなってメンバーになる人、再度の挑戦で年齢制限ぎりぎりで受けて結局落ちる人など、2名の合格者が発表されるまでの悲喜こもごもが映し出される。高度なテクニックが要求されるのはもちろん、安定した人柄、チームの一員として働くことのできる協調性など、技術だけではないさまざまなことが試される。

「航空ショー」は、騒音がうるさい、動物が怖がってかわいそうなど、ネガティブな意見も出るけれど、レッド・アローズのパフォーマンスは圧巻だ。赤い9つの飛行機が組む見事な編

見てはもらえずとも、手を振って感謝を伝える観客

隊。翼が、機種が、接触するのではないかと思わせる曲芸飛行。そして大空を狭いと感じさせる大胆なフォーメーションでの演技と構成。初めて見たときは、「ああ、これを子どもの頃に見ていたら、私のなりたい職業はパイロットだったかもしれないなあ」と思った。そして、会場にはパイロット気分が体験できる子供向けのシミュレーター、戦闘服の装備品を身につけたり、隊員から直接話が聞けるブース、入隊希望者を募る受付などがあって、制服姿のかっこいい隊員が散らばっている。

制服というのは、どうして人を3割増しに魅力的に見せるのだろう。普段着だったらきっと、雑踏の中に埋もれてしまうだろう人を、なんだかステキに見せる。私の友人で、昔、スキーのインストラクターに熱をあげた人がいた。インストラクターにとってスキーウェアは制服のようなもの。熾烈な競争を勝ち抜いて、休暇が終わる頃には東京に帰ってからのデートの約束を取り付けた。その日を心待ちにし、ついに待ち合わせの場所へ。すると、なんともダサい男が彼女を待っていたという。スキー場ではあんなにステキに見えたのに。で、彼女は凡人となってしまった彼を遠目に眺め、声もかけずにその場を離れたという。男性が気の毒でもあり、でも彼女の「ありゃ?!」という気持ちもわかる。スキーウェアの彼はさぞステキだったことだろう。

男でも女でも自分のフィールドで、自信を持った振る舞いをしていれば頼もしく、魅力的に見えるものだ。だからといって、仕事中にステキな人が、仕事以外の場所で会ってやはりステキだとは限らない。

英国では制服姿をよく見かける。ハロッズのドアマン、ホテルのドアマン、高い帽子をかぶった警察官、バッキンガム・パレスの衛兵、ホース・ガーズの衛兵など。どの人も姿勢よく、パリッとしてかっこいい。友人は、パリのロードレース仕様の自転車に乗った警察官が気に入っていた。「お尻が小さくてカッコいい」。

最近は男性もおしゃれになったから、オフの日の服装で女性をがっかりさせることはないのだろうけれど、制服のある職業に特化した婚活もあるというから、その魔力は未だ強そうだ。

私の中のレッドア・ローズのパイロットも、すっかり美化されている。本物には会わない方がいいだろう。

若きを見て、老いの未来を考える

❦《マイティ・レッドカー》（2018年）

海も山も近くていいところなのに、活気がない。

私の育った町は帰るたびに何かが減って、元気がなくなっている。スーパーが閉店になった、バスの本数が減った、子どもを見かけることが少なくなった。隣は県庁所在地なので、そこまで出かければそれなりに活気はあるけれど、自分の町が心配だ。

《マイティ・レッドカー Mighty Redcar》は、昔は元気だったレッドカーという海に面した町を1年間取材したドキュメンタリー。「私たちが生産した鉄鋼は世界を作り、魚は全国に出荷され、町はリゾート地として賑わった。でもみんな、今は昔の話」という語りで始まる。2015年に鉄鋼所が閉鎖になって、町は一変した。25歳以下の失業率が高く、若者が自分の未来を描けない。

将来はミュージシャンとして成功し、離れ離れになっている弟を呼び寄せて暮らすことを夢見るディランは、学校では唯一人の黒人だった。実の親とはうまくいかず、ウェイターとして働きながら、空いた時間は商店街で楽器演奏をしたり、小劇場でコントをしたりして、小さい頃に世話になった養母の家で暮らす。しかしある日、小さなライブのパフォーマンスがロンドンのプロデューサーの目に留まり、デモ・テープを送ることに。夢に一歩、近づきそうだ。

父親が服役中の7人兄弟の長男ジェームズはやる気はある。しかし、機会がつかめない。父親の轍《てつ》を踏んでほしくないからと、職探し、履歴書の書き方、面接の答え方まで役所の職員が指導するが、資格も経験もないジェームズの前途は多難だ。自営業者のレイが、社会人としてのマナーや、就職試験準備の面倒を見る。やっと電話セールスの仕事をゲットするが、以前の窃盗の罪で有罪となり、職を失う。周りの大人もがっくりする。「レールから外れるなよ」。

俳優志望でドラマ・スクールに進みたいケイトリンは入学条件を満たそうと試験を頑張るが、年９０００ポンドの学費が捻出できそうにない。父親は数年前に出て行ったまま。母親は３つの仕事を掛け持ちして週75時間働いて、ケイトリンを応援する。「娘にはここから出て、もっとチャンスがつかめるところへ行ってほしい」。

国の代表チームに選ばれるほどネットボールに秀でたサフィは、３人の弟妹の面倒を見ながら母親アイーシャを助けるしっかり者。ネットボールの才能を認められてスポーツ奨学金を受けられることが決まったが、年間１万６０００ポンドの授業料のうち１割は本人が負担しなければならない。それも、クラブのコーチの頑張りで寄付で賄えるめどがついた。ところが、制服代、通学費などが払えなくて特待生の道をあきらめざるをえなくなる。

斜陽の町の、貧しい家庭に生まれた10代の若者たち。やりたいことがあっても、職がない、金がないという現実に、希望が押しつぶされそうになる。かといって、この番組のトーンが暗いのかというとそうではない。不確かな未来だけれど、5年後、10年後の自分に期待している。

わが町との違いは、ココだ。レッドカーで悩んでいるのは若者なのだ。日本のわが町で悩んでいるのは老人。子供を育て上げ、海外旅行やカルチャーセンターも楽しみ、夫婦で過ごす時間も終わった。時間はいっぱいあるのに、本を読みたくても目が疲れ、料理をしても一人ではおいしくない。作る気力もなくなった。話をしたいけれど、ご近所も老人が増え、めっきり外に出てこなくなった。

英国はというと、こちらも高齢者は多いけれど、社交の場が日本よりもありそうだ。リタイヤした人専用のマンションが結構あり、夫婦で入居してそれまでと変わりない生活を続けながら、寂しくなったら共用スペースへ出かけて行く。ケーキやクッキー、簡単なランチをブッフェ形式で楽しめて、お年寄りが長居できるティー・ルームもいっぱいある。そして、一人暮らしの人が積極的に入るのがカード・ゲームのブリッジ・クラブ。頭の体操になり、ペアを組むから休むとパートナーが気にかけてくれる。ゲームに夢中になっていると一日がすぐに経ち、座ったままでいられるのも好都合。古着や古本、雑貨を扱うチャリティー・ショップもボランテーアの場として人気だ。誰かに会えて、自分が役にたっていると実感できる。

母がよく言っていました。「20歳年下の友人をいっぱい作っておきなさい」と。英国で、20歳年下の友人をどうやって作ったらいいのだろう。大学でも入り直してみる？

2

ニュースで読む英国

1 変わっていく社会

人生後半、仲間がほしい？

英国でも「ぼっちめし」？

「ぼっちめし」。

友人や同僚とではなく、一人でランチを食べることをいうらしい。私が若い頃にはなかった言葉だ。ひとりめしではなく、ぼっちめし。ひとりぼっちで食べる味気なさ、人からどう見られるかという気がかり、そして「一人だっていいじゃん」という開き直りも感じられる。「ぼっち」は奥が深い。

ショーン・ヒューズというコメディアンが51歳の若さで亡くなった。私は彼のことを全く知らなかったが、1990年代には自分の番組を持ち、BBCの人気お笑いクイズ番組《ネヴァー・マインド・ザ・バズコックス》のチーム・リーダーもつとめた。その頃が人気の頂点だった。ちょっとナナメで皮肉っぽく、でも純朴な感じが人気だったけれど、それは彼の一部分で、実は傲慢《ごうまん》で身勝手、注文の多い意地悪な人だったという。

こちらでは有名人が亡くなると訃報欄にその人の経歴と功績をまとめた記事が出る。しかし、私が読んだのはそれとは別で、ヒューズの弟子や友人だった人が語る、内面に切り込んだ、身近な人しか知らない彼の人となりを振り返る記事だった。没後の記事だから、きっと楽しい話、彼がどんなにいい人だったかを伝える内容だろうと思って読み始めたら、全く違ったのでおもしろく読んだ。全く違ったと言っても、彼を貶《おとし》めるものではない。彼がなぜ、一人で死ぬことになったのか、その理由を書き手自身が整理しながら納得したかったようだ。

ヒューズは人との関係をプチン、プチン、と切ってしまう人だったらしい。彼が人気絶頂の頃に仲が良かったあるコメディアンは「週に5日はつるんで出かけ、日に3回は電話で話した」という。でもある日、プチン。他の人とも仲良くなったと思ったら、プチン。女性とも、プチン。理由は、彼が必要としたときに、そこにいなかったから。

有名になりたい、金持ちになりたい。でも、成功してロンドンの大邸宅に住んでも、幸せではなかった。彼が心底好きだったのは音楽とアートだったから。コメディアンは仕事だった。仕事の友人には残酷なことを言っても、アーティストには敬意をもって接した。でも、近年彼と出会った人たちの話を聞くと、別人かと思うくらい違っていた。「とても優しい」、「私のことを気にかけてくれた」、「誰かと話したくて、電話をくれたみたいだった」。

最も近しい友人だと思われていた人物は昔の電話を思い出す。「俺たちは若くて、金があって、有名人だった。女にもモテてた。でも、ある日ショーンが沈んだ声で電話をかけてきたんだ。『俺たちどうなるんだろう。末は孤独な老人かな』って。結局彼は老いることなく、孤独のままに死んじゃった。それが一番悲しいよ」。他の人も彼が一人でいることを心配していた。亡くなる前年に母親を亡くしてからはさらに酒に溺れるようになり、それが死因の一つになったと思われる。

孤独に警鐘を鳴らす英国でも、最近は一人で食事をする人が増えているという。スーパーマーケットでも小さいサイズの惣菜が売れ筋で、大手のテスコではバーガー、フィレ・ステーキ、サラダ、小ぶりのワインなど、一人用の商品の幅を広げている。その市場は1996年の660万人から770万人に増え、特に45歳から64歳の年代では未婚や離婚などの理由で50%以上の伸びだという。

以前は「一つ買えば、もう一つ無料」という、家族向けセールをよく見かけたものだけれど、今では多少高めでも小さいサイズが好まれるそうだ。理由は食べる時間が違って「孤食」になったり、菜食主義の家族がいたりで、一緒に住んでいても、みんなで同じものを同時に食べるということが、当たり前ではなくなってきているから。

一方、こちらの新聞で読んだ日本のおひとりさま事情。日本の5300万世帯のうち、今や一人暮らしが3分の1を占め、2040年までにはそれが40％に達するという。1980年の調査では、50歳までに結婚しなかった人は男性では50人中1人、女性では22人中1人だったのが、今では男性で4人に一人、女性で7人に一人になっているという。コレ、結構驚く数字ではないですか？

外国人記者は一人カラオケの他に、一人で来る客専用のラーメン店も取材している。自販機で食券を買う↓ピカピカ青いライトが空席を知らせる↓ラーメンが運ばれてくる↓去る時に店員は客席のブラインドを下げる。カウンター席のそれは木のパーテーションで仕切られ、箸を持った肘がちょうど収まるくらいの幅しかない。選挙の投票ブースに椅子がついている感じ。ラーメンは、一人で食べる典型のような食事だと思うけれど、それでも仕切りがないとイヤなのだろうか。パーテーション付きの映画館もあるし、アミューズメント・パークも一人で行くと書いてあった。これだけ読んだ英国人は「日本人は相当ヘン」と思うだろう。

私は「ぼっち」が孤独だとは思わない。寂しいかもしれないが、そう感じるのもたまには大切だ。寂しいのが辛いと感じれば、自分を省みる機会になるかもしれない。「ぼっちめし」大いに結構。誰でも一度はどこかの店でぼっちめし、どうでしょう。

犬は、ライフセイバー

アニメ映画の「トイ・ストーリー」は何度見ても楽しい。
あの物語ではアンディの成長と共に、愛犬バスターも年を取る。1でクリスマス・プレゼントとして子犬だったバスターは、2では活発、遊び好きな活動のピークを迎え、そして3では、のたり、もったり歩く老犬になっている。小さい、小さいと思っていた愛犬が、ある日、自分より年を取っていることに気づくのは寂しいものだ。

犬を飼っていいことはいろいろある。散歩をさせなければいけないから、よく歩く。ごはんや散歩の時間に敏感だから、生活も規則正しくなる。世話をしなければいけない存在は、気持ちにハリを与えてくれる。家族が誰も相手にしてくれなくても、犬だけは話を聞いてくれる。でも、一人暮らしの人が犬を飼う効用は、それだけではないらしい。

それが数字で証明されたらしい。スウェーデンで40歳から80歳までの男女350万人を12年間追跡調査した結果で、犬を飼うことは明らかに心臓発作や死に至る病気の発症を軽減する効果があることがわかった。特に一人暮らしの人にそれは顕著で、心臓血管系の病気で死亡するリスクを36%押し下げる。家族と一緒に住んでいる場合はそこまでの変化はないものの、心臓病によって死亡するリスクを15%軽減する。英国のある医者は「孤独は糖尿病と同じくらい健康に害を及ぼす」と言い、推定110万人の一人暮らしの英国人は、そうでない人たちに比べて50%以上早死にする可能性があるという。

一人暮らしが別に孤独とは思っていないし、「一人で結構」と思っている人でも、犬を飼ってみると結果は全く違ったものになる。犬がいるといないのとでは、死亡率に約30%の差があるのだ。犬を飼うことがなぜ健康にいいのか、まだはっきりとは解明されていないが、たぶんストレスの軽減、より健康的に生きようという動機になるのではないかと思われる。犬は家族であり、友人であり、ライフセイバーなのだ。

　私も犬を飼ったことがあり、溺愛していた。服を着せたり、おもちゃを買ったりということではなく、いられる限りはずっと一緒にいた。食事の場所は台所の一角で、ご飯とミルクのボウルが並んでおり、夕飯のあとは牛乳をあげることにしていた。でも、たまに忘れることがあって、そうすると満腹して眠たいのだろう、うす暗い中、ボウルの横でコックリしながら、誰かが気づいてくれるのを待つような犬だった。催促することは一度もなかった。ときどきカクッとひざを折りながら、眠気と闘いながら待っていた。オスだったけれどとても優しく、水たまりもよけて歩く犬だった。

　次に飼った犬はメスで、自己主張もはっきり、水たまりを気にすることもなかった。犬も持って生まれた性格というものがあるのだなあ、とその時思った。教えるわけでもないのに、その行動からにじみ出てくる性質がある。だから動物を飼うのは楽しいし、死んでしまった時の悲しみは底なしで、体の一部がもぎれたような痛みと喪失感がある。なぜ犬の寿命は人間より短いんだろうと恨みに思ったこともあるけれど、自分より長生きしたら、それはそれで安らかにあの世に行くことはできないから、受け入れるしかないのだ。

生き物を飼うというのは責任が伴う。自分が先に死んでしまうようであれば、飼うことはできない。今は飼っていないので、「何歳までなら、飼い始めていいだろう？」と考える。そういうことを逆算するトシになったのだなあ。シミジミ。

別々にみんなで暮らす、実験的共生計画

日本人は、生涯で何回引っ越しをするだろう。

親から家を継げば一生そこかもしれないし、一度家かマンションを買ったら、生涯そこに住む人も多いだろう。英国は、高校を卒業したら家を出て、結婚したらフラットか小さな家を買い、家族のサイズに合わせて買い替え、老人二人暮らしになったら、小さな平屋建てに住み替える。これが一般的。では、一人になったらどうしよう。

アンジェラ・ラトクリフは70代半ば、夫は10年以上前に亡くなり、「子どもたちの負担にはなりたくない」と一人暮らしを続けてきた。友人たちとは「どこかを共同で買って、みんなで住まないか」という話が出ては消え、そのうちに家を売って子どもたちのそばに移り住む人が

出てきた。そんな時、あるポスターを見かける。「年配女性のための、今までにない共生住宅計画のメンバー募集」。場所はロンドンの北部、バーネット。

住宅リサーチ会社を運営していたマリア・ブレントンは、ある企画を温めていた。すでにオランダで２００件の成功例がある、「年配女性のための共同生活住宅」を英国にも取り入れられないだろうか。それは、できるだけ長く自立した生活を送りたい人たちのための注文住宅で、住む人たちが自ら計画や運営に参加し、メンバーも自分たちで選ぶという実験的な試みだ。コーポラティブハウスに似ているが、年配者向けとしては英国で初めての試み。１９９８年、ブレントンがあるグループにプレゼンすると、すでに知り合いだったその６人は「ぜひ」と乗り気になった。全員でオランダへ視察に行き、ＯＷＣＨ（Old Women's Co-Housing）という団体を立ち上げ、計画が動き出す。

一番のネックは土地の取得。買おうとすれば値段は青天井で、とても手が届かない。役所やチャリティー団体の理解と援助を求めるところから始まる。しかしシェルター（慈善施設）でもリタイヤメント・ハウス（高齢者住宅）でもない、集合住宅としての新しいカテゴリーが理解してもらえない。

寄付も募った。限りない数の土地を視察し、交渉し、仕切り直しが何回もあり、建設業者を選定するまで、ほぼ15年の歳月を要した。入居が始まったのが２０１６年。最初からのメンバー、68歳だったシャーリーは、入居した時には86歳になっていた。「本当に実現するのかしら」、「私たち、生きているかしら」と言いながら、ミーティングをしていたという。よく途中で挫折しなかったものだ。アンジェラは入居した時、82歳。

建物は25の個室から成り、11室が1ベッドルーム、11室が2ベッドルーム、3室が3ベッドルームで、そこに共用ルーム、来客用個室、洗濯室、庭が加わる。土地は250年のリースだ。この建物の住人になるにはまず、OWCHのメンバーにならなければならない。アンジェラが見たのはこの募集ポスター。条件は50歳以上の女性で、OWCHのポリシーに賛同する人。最終的にはメンバーによる面接がある。主な規約は、

・多様性を認め、尊重すること。
・お互いを助け合い、心配りすること。
・上下関係はなく、みな平等であること。
・責任を分かち合うこと。
・広い意味で、地域のメンバーであること。

現在の入居者は50代前半から80代後半までの26名。育った環境も、家族とのつながりも、興味のあり方も違うけれど、できるだけ自分の力で生きたいという共通の思いで結ばれている。ホームページ上にアップされているビデオを見ると、日の当たるバルコニーで絵を描いたり、畑仕事をしたり、料理をしたり、ヨガを習ったり。どの女性もとても生き生きとしていて共同生活を楽しんでいる。

ヘディ「年を取れば不安になるものだけど、ここなら安心。高齢者住宅には入りたくなかったし、退職者のための町なんて御免だわ。ここでは自分が何かやらないといけないし、シェア

というアイデアも気に入った。メンバーともただ挨拶するだけじゃなくて、お互いを行ったり来たりできるし。これからもっと年を取るけど、このまま行きたいわ」。

ヒラリー「今は先のことは考えないわね。今があまりにも快適で」。

アンジェラ「最初は、ウワッ、寄宿舎に入っちゃったって思ったわ。全く違う人たちと合わせながら暮らさないといけないんだもの。でも、それが結構楽しくて、暮らせば暮らすほどハッピーになるわ」。

ジャネット「庭のある所に住んでいなかったから、今、植物について学んでいる感じ。庭仕事も楽しいわ。部屋は天井が高くて、窓が大きくて明るくて最高。朝、起きたときから気分がいいの。今までの人生で一番幸せかもしれない。共生住宅について、いろんな人に話してあげたい。教えてあげたい」。

建物の建築にあたっては、どういう家に住みたいか、どんな機能が必要か、外観は、内装は、とさまざまな要望を出し合い、意見を交わし、建築士とも話し合い、みんなが知恵を絞った。契約書もきちんと読み、建設現場にも80歳を超えるメンバーが安全靴を履き、ヘルメットをかぶって点検に行ったという。

庭仕事、家事、財務、法律、広報など、すべての仕事はグループやペアを組んで行う。何でも話し合って決める。希望すれば、各自の得意分野を教えたり学んだりすることもできる。週に一度はみんなで調理して食事会を開き、メンバーの家族や友人も加わるので、いつも30人前後が集まって賑やかなひと時を過ごす。

２０１７年現在、英国では65歳以上の独り暮らしが３６０万人いるという。そのうちの約70%が女性だ。

ブレントンもメンバーの一人。「私たちは自分の人生は自分で決めたいと思っています。より快適に、より長生きして、クリエイティブでありたい。そして地域にも貢献したい。今、政府は何千万ポンドも医療や福祉に投入しているけれど、緊縮財政で予算は削られるばかり。でも、お年寄りが共生して、支え合って生きていけば、ずいぶんお金が節約できますよ。そして、誰かに何かをやってもらうよりも、自分たちで何かを変えたり、決めるということが、これからの年寄りがやりたいことなんだと思います」。

日本は独り暮らしのお年寄りが亡くなった後、空き家になる家が多いらしい。だったら、住宅公社や国が協力して、日本でもこういうプロジェクトが導入されるといいのに。独りで暮らしたくないお年寄りはいっぱいいるだろう。出身校が同じとか、同じ会社で働いていたとか、少しは何か共通の背景があると、現実味はもっと増すのではないか。卒業年や役職にこだわりそうな男性よりも、女性はもっと共生に向いていそうだ。

日本が好景気だった頃、英国で日本人用の老人ホームを建てる計画があったそうな。バブルがはじけて、計画もアワと消えたらしい。この共生住宅、どこか建ててくれないかしら。と、他人任せではいけないんです。自分で動かないと。

お仕事は、清く、楽しく、美しく

英国にもブラック企業

英国の働き方は日本とだいぶ異なる。

日本は就職して企業の一員になるのが一般的だが、英国人は「セルフ・エンプロイド」という、日本で言う「自営業」と言われる労働形態が浸透している。つまり、一国一城の主だ。初めの頃は、自己紹介で「自分で会社をやっている」と聞いて、「社長なんだ。すごいなあ」と言葉通りに受け取って感心することしきりだったが、そういう人がとても多い。で、よくよく聞いてみると自宅が会社で、従業員は自分だけということがほとんどで、自営＝起業家＝従業員を雇用＝24時間ビジネスマンと早とちりした私は「はあ…」と何となく肩の力が抜ける。それって、「自営業」というよりも「フリー」じゃないのかな。ただ、日本よりも働き方に柔軟性はありそうだ。

その「自営業」という形態を利用して、従業員を徹底的に安く使おうとした企業の実態が明るみに出た。53歳のドン・レインはＤＰＤという大手企業を顧客とする運送会社の配達員。担当クライアントは大手百貨店で、個人顧客への配達が日常業務だった。

彼には糖尿病という持病があり、具合が悪い時には病院に行かなければならなかった。しかし、彼は病院の予約をキャンセルし、クリスマスの繁忙期に倒れ、運ばれた病院で亡くなった。なぜ、病院に行かなかったのか。行けなかったのだ。配送を担当するドライバーたちは書類上は自営業者だったが、実態は正社員同様の勤務形態だった。が、労働条件は正社員並みではなかった。通院のための遅刻も有給休暇もレインにはなかったのだ。彼は以前、通院のための病気休暇を取ったら、事前に通知していたにもかかわらず150ポンドの罰金を取られ、「休めばまた罰金を取られる」という相当なプレッシャーを感じていたという。

また、休む場合は、代わりを務めるドライバーを自分で手当てしなければならず、それも休みにくい状況を作り出した。彼はそれまでに病院の予約を3回キャンセルし、亡くなる1か月前にも運転席で失神している。DPDで19年間働き、一社のためだけに働いたのに、勤務形態は「自営業」。しかも、給与は、時給ではなく配達完了した小包みの数次第だったという。

DPDに補償を求める訴訟を起こした未亡人によると、休むことによる罰金もさることながら、顧客へ配達時間を予告するサービスも大きなプレッシャーになっていたという。一軒一軒の間の時間的ゆとりがなく、三度配達時間を守ることができなければ解雇と言われていた。

レインの死によって、こうした働き方の存在が明らかになり、国会でも議論され、DPDは雇用形態を改めることになった。最低賃金は時給8・75ポンド（法律上の最低賃金は7・83ポンド）、代替要員を見つけられずに休んだ場合の150ポンドの罰金の廃止、28日間の有給休暇と年金、疾病手当が認められるようになり、基本的に週休二日で平均年収2万8800ポンドが保障される。

しかし最近は、さらに柔軟性の高い「ゼロアワー・コントラクト」という就労形態が加わった。雇用保険や有給休暇などは一切なく、働いた時間のみに給与が支払われる。「明日は働きません」というのも自由なら、依頼があった時に断ることが重なれば仕事はなくなる。学生や退職者などには都合がいいけれど、低賃金労働者が増える原因にもなっている。初期はスキルのいらない単純労働の職種（ウーバーのドライバーや出前、オフィス間を結ぶ配達員）に多かったが、今では教育や医療関係のホワイトカラーにもその範囲は広がっている。

なるべく従業員への支払いは抑えて、利益を上げようとする企業は多い。日本の外国人労働者の受け入れも、その延長線上にあるのではないか。技能実習制度の評判が良くないのに、それを反省、見直しをすることなく安い賃金で雇えるからと外国人労働者を受け入れるのは、将来的に日本の治安を不安定にする要因のような気がする。

日本で働いてがっかりしたというカンボジアの女性の記事が出ていた。母国に帰って役立つ技術の習得と適切な賃金を約束されたその女性は、幼い息子を義理の母親に託して希望を持って来日した。しかし実際は、衣料工場で朝8時半から翌日の朝2時、3時まで働かされ、賃金は約束された月12万円の半額だった。結局、そこから逃げ出し、職もなくホームレスになり、母国に帰るチケットを買うお金さえない。しかも、カンボジアのブローカーには約40万円の借金が残っている。取材時には15人の外国人とシェルターに暮らし、帰国の日を指折り数えて待っている状態だった。

私は新たに迎える外国人労働者が、階層のない日本に階層を作ることにならないかが心配だ。ヨーロッパでテロが多発する一つの原因は、差別による怒りだ。移民第一世代は「私たちを受け入れてくれてありがとう」という気持ちがあるが、彼らの子どもたちは学校で、地域で差別され、低賃金労働を余儀なくされ、怒りが感謝を凌駕する。もし、日本が低賃金のために外国人労働者を受け入れるのなら、同じことが起こりかねない。受け入れるのなら、日本のファンになって母国に帰ってもらいたいし、定住するなら、日本人として未来を考えてほしい。受け入れながら反日を育てては、日本のためにならない。

ＤＰＤの記事が出る前、私も彼らの配達による小包みを受け取っていた。購入先からは何日にお届けです、という通知が事前に来るが、何時ごろに届けますという通知はドライバーの写真と名前と共に前日にＤＰＤから送られてくる。それも、「2時から3時の間に」という1時間限定告知。

当日はそのドライバーがどの辺りにいるのか、地図上で確認できる。午前中にクリックしたら「あなたの小包みは本日93個目の配達です。只今、21個目を配達中」と出た。私の前に、あと70件も！　結局、建物を特定できず（?）、私の小包みはその日最後の配達になったようだったけれど、あの○個目です、という表示を見た後では「お疲れさまです」という気持ちしか涌かなかった。そんな時、この記事を見たので、ドライバーに同情した。一日にいったい何軒担当するのだろう。留守で配達できなかったら賃金が減るのだろうか。そんな家が何軒もあったら、再度回るのだろうか。

こちらに来た当初、配達の後進国ぶりにカリカリした。午前も午後も選べない、約束の日に来ない、言い訳をする。宅配先進国、日本から来た私はストレスが溜まった。でも、だんだん、数時間ごとの配達指定なんて過剰なのではないかと思い始めた。再配達には別途料金を加算すべきだろう。日本人の気配りには、少しやり過ぎなところがある。外国人旅行者には、特に留意しないと。たいていの人は「ていねいな対応だ」と喜ぶだろうけれど、「なんでも言うことをきく奴隷だ」と勘違いしないでもない。好意なのか、サービスなのか、過剰なサービスではないか、考えた方がいい。

将来、何になりたいですか

英国の子どもたちの一番は、宇宙飛行士。

そこから、先生、獣医、医者か看護師と続く。日本の小学生たちは男の子ならプロのスポーツ選手、女の子なら看護師さんが多いらしい。子どもの頃は発明家でも探検家でも、好きなことを言っていられたが、大人になるとそうはいかない。自分の能力、性格が次第に明らかになり、選択の道は狭まる。しかし、人生が肥やしになる場合もある。ずっとやりたかった仕事を人生後半で始める人もいる。

エレイン・スパーバーは２０１７年にハンプシャーで書店を開く。その町に14年間住んでいたけれど、彼女の店が町の初めての本屋さん。前職はテレビ局のプロデューサー。自分の書店を持つのが長年の夢だった。「お店を始めたら、ご近所や遠くからいろんなお客さまが来てくれて、個性のある書店ができてどんなに喜んでいるかを話してくれるんです。お店が交流の場にもなっているし、励みになります」。

サラ・ブルックスと夫のピーターは会社勤めを辞め、２０１８年の夏、ピナーという町で本屋さんを始めた。きっかけはアメリカ旅行をしたときに出会った「シャンパン・ブック・バー」だったという。だから彼らの店にはバーとカフェがついている。本と一緒に友人とのおしゃべりが楽しめるのだ。「個人経営の書店は、地域の人が好みそうな本をセレクションできるし、お客さまとも一人ひとり、パーソナルな関係が持てるのでコミュニティーにとっても大切な存在なんです」。同じく書店経営のアマンダ・ダヴィッジも賛同する。「オンラインショップの反動か、地域の人は自分たちの町の店を応援したいのよ。そして私たちも、お店を中心に町が活気づくように一所懸命働きますよ」。

英国では２０１６年まで、書店数は減る一方だった。中堅のオタッカーズ、ボーダーズ、ブ

アルフリストンにある個人書店「マッチ・アドゥ・ブックス」
庭のある一軒家が書店になっている

ックエトセトラなどが次々に大手に吸収され、１９９５年には１８９４店あった個人経営の書店が８６７店にまで減ってしまった。ところが、２０１７年にそれが反転し、このところ増え続けている。そしてある調査では、63・5％の書店が来客数が増えていると回答している。

書籍協会のメリー・ホールは言う。「２０１８年は個性的な本屋さんがぞくぞくとオープンして、大成功の年と言えそうです。でも、書店経営は楽ではありません。特に店舗や倉庫などの事業用資産にかかる税金が不公平なのです。たとえば、ベッドフォードのウォーターストーン（大手書店チェーン）はすぐそばのアマゾンの配送センターの16倍の税金を払っています。実店舗とオンライン・ショップの税も不公平だし」。そうした不公平を財務省に訴えるのも彼女の仕事だ。

日本では町の本屋さんがいっぱいあったけれど、今では人口が減り、特に地方では大手に客を取られて閉店の憂き目にあっている個人書店が多いのではないだろうか。では、その個人書店が独自の工夫をして客を呼び込む努力をしていたかというと、どうだろう。店舗が大きければ品揃えが豊富というだけで、どこの書店も似たり寄ったりだった。

英国では個人書店は経営者によって揃えている本に違いが出て、店の大きさも程よい狭さで、ゆっくりのんびり眺めるのにちょうどいいサイズだ。店全体に手作りの温かさがいきわたり、本の並べ方、目立たせ方に工夫がある。買うべき本がわかっているのであればオンラインで、手に取ってみたければ大手書店へ行けばいい。でも「何かおもしろい本がないかなあ」とあてもなく出かけるのだったら個人書店がおススメだ。知らなかった本や作家に、近道で出会えるチャンスがある。

年に2回ほど出かける英国の田舎町にも、個人の書店がある。その町に本屋はそこしかない。いつ行っても、客はいないか一人か二人。これで経営がやっていけるのだろうかと心配になるが、毎年ちゃんと開いている。どこの書店にも並んでいる文学作品もあるけれど、ある一角には歴史や伝記、自然や建築など、オーナーの好みで選んだ本が並び、そこを眺めていると読んでみたい本が見つかる。

日本で勤めていたころ、近くのビルの中に通路の一角を仕切ったくらいの小さい本屋があった。ある日、レジに本を持っていったら「あら、この本はおすすめですよ。私も読みました」とおばさんが言った。そんなことを言った本屋の店員さんは後にも先にもこのおばさんだけ。それ以来、その本屋を贔屓《ひいき》にし、そこに行くと何かしら買って帰ったものだ。

英国の個人経営の本屋さんは、本が好きでやっている人ばかりと言ってよさそうだ。人生の半ば以降に、それまでの仕事を辞めて始める。子どもたちに本のおもしろさを知ってほしい、本好きの人を増やしたい、というのが大きなモチベーションのようだ。

私は自分が本を捨てられないし、墓場に持っていくわけにもいかないので、英語以外の本の図書館を作ったらどうだろう、と思ったことがある。本好きのいろいろな国の人から本をカンパしてもらったら、異人種と異文化の交流の場にもなっていいと思うんだけど。

仕事ができて、セクシー

「美しい」ことを仕事にしてはいけないか。

Ｆ１からレース・クィーンが消え、英国のダーツ選手権では、選手をエスコートする女性がいなくなった。いずれも、ある記事がきっかけになって起きた現象だ。時代が変わったということだろうが、スタイルが良くて美しく、華やかであることが、女性の仕事を難しくしている。

その記事とは。一流ホテルでの寄付金集めの男性のみのパーティーに、フィナンシャル・タイムスの女性記者が潜入して「とんでもないセクハラが行われている」ことを告発した。集まっていた人々は金も権力もある、ビジネスで成功した男性たち。そこに「背が高く、スリムで魅力的」という条件をクリアした女性たちが、着席して食事をしている男性にバーからお酒を運ぶために雇われた。３５０名の男性ゲストに対して、１３０名の女性たち。

雇用条件は「細身で背が高く、好感度が高い女性」で、パーティーの２日前の事前打ち合わせでは、①スマホは持ち込まないこと、②その夜に提供される短い黒のドレスに合う黒の下着を身に着けて来ること、③トイレ休憩が長い場合は会場に連れ戻されること、④ゲストにはお酒をすすめるようにと言い渡され、⑤その夜のことは口外しないという契約書にサインを求められたという。

そして当日、ゲストたちは彼女たちの「おしりを触った」り、「手を引っ張って、膝に座らせようとした」り、「この後、部屋で食事はどう？と誘った」りしたそうで、それを聞くと「ダメ男の集まりだな」とあきれるが、これってフィナンシャル・タイムスが報道すべきことなのだろうか、なんだかタブロイド紙がやりそうな潜入記事だけど、というのが読んだ時の最初の感想だった。

パーティーを主催した「プレジデント・クラブ」は、33年間、計2000万ポンド（約30億円）をチャリティー団体に寄付してきた団体で、この一晩だけでも3億円が集まったという。そこでの男性たちの振舞いは決して許されることではなく、この記事によってクラブは解散になったというが、それは別に構わない。

でも、女性たちは嫌がるのを無理やり働かされたわけではない。頭の良い人、身体能力が高い人がそれを長所として活躍するように、外見に自信のある人がそれを活かして仕事をした。そして記事によって、彼女たちは仕事の機会を失った。潜入女性記者は、一流新聞社の記者をするくらいだから高い教育を受け、その仕事に潜入できるくらいだから外見も十人並み以上だろう。とても恵まれた立場にいる人だ。セクハラを告発することは正しいことだけれど、それで他人の職を奪っていいの？

この記事が出ると一斉に非難の声が上がり、前述のとおり、F1のレース・クィーンの、ダーツ大会の女性たちの仕事がなくなった。「男性優越主義の残滓だ」とか「時代の流れに鈍感だ」という意見はよくわかる。でも、非難されるべきは男性の振る舞いであって、女性の仕事ぶりではないはずだ。大人の女性が自分の意志で選んだ仕事である。それを、センセーショナルな記事によって奪うというのは、かえって女性をばかにしていないだろうか。

この記事が出た後、その接客をしていた女性の一人がBBCのスタジオでインタビューに答えていた。酒の席の接待で、セクハラまがいのことがあり得ることは予測済みで、問題なのはそういう女性たちのためのユニオンがないことだと言っていた。セクハラ、パワハラ、不愉快な出来事があったときにそれを訴えられる場所、支えてくれる組織が必要ということだ。

フィナンシャル・タイムスの記者は、その夜の女性の声を代弁しようとしたのかもしれないが、それだったら記事の視点をもっと熟考すべきだっただろう。彼女たちが欲しかった援護射撃は煽情的な暴露記事よりも「仕事の尊厳」ではなかったか。仕事としてのリスペクトがあれば「あなたは娼婦?」などという無礼な言葉は言えないだろうし、賃金だってもっと高くていい。6時間拘束で175ポンド(約2万6000円)。安すぎませんか。一晩で3億円の寄付金が集まるチャリティー・ディナーの接客なのに。

この一連の騒動の後、ダーツ大会で仕事をしていた女性たちは、「仕事を取り戻す」署名運動を展開して1万5000人以上の賛同を得たという。中にはこれで注目されたおかげで、モデルの仕事が増えて喜んでいる人もいるらしい。

「こんなハレンチなパーティーで集まった寄付はお返しする」と言っていたある子ども専門病院は、寄付金を受け取ることにしたという。このクラブからの寄付金は2009年から20

16年の間に53万ポンド。それはやはり病気の子どもたちのために使うべきだ。

女性が女性として自然に生きることが難しくなっている気がする。男女同権は獲得すべきものだけれど、男女同一は誰も望まないのではないか。女性も男性も同じように振舞い、行動することが男女同権なのだろうか。ポリティカル・コレクトネスは、行き過ぎると息がつまる。

2

カネとハサミは使いよう？

世界の1％の人の暮らしとは

ウルトラ・リッチはウルトラ・ハッピー？

１％の金持ちと、99％の貧乏人。

「フンフン、私は99％の方だ」と、99％の日本人が思っただろう。数年前、メディアを賑わせた数字だが、では１％のお金持ちって、どんな生活をしているの？

そこで、ウルトラ・リッチな人たちの家庭教師を通して、その生活をほんの少しのぞいてみたい。普通のお金持ちは苦手な科目について、あるいは入学試験突破のためにと時間単位で子どものために家庭教師を雇う。けれど、超お金持ちは24時間・７日間、家庭教師を雇う。金額は、年に５万ポンド（約７５０万円）から７万ポンド（約１０５０万円）、あるいはそれ以上。

最近では、勉強を教える以外に自傷行為や、育児放棄、暴力行為などへの対応を求められることも多く、その場合は給与は18万ポンド（約2700万円）に跳ね上がる。年間20億ポンドの売り上げがある家庭教師派遣会社では、顧客の10～25％がウルトラ・リッチだという。報酬の上昇が最も著しいのはアジアで、ある派遣会社では4名の教師が今年、香港で稼ぐ金額は約1億1000万円だそうな。

ある日、家庭教師のナサニエル・ハナは生徒の少年からリボルバーを向けられていた。両親からは一族の名に恥じないような学力・教養を身につけさせたいと言われている。幸い、ハナには銃の知識があり、その銃がすぐには撃てない状態なのを見て取り、落ち着いて対処することができた。「彼は妄想の中にいて、自分がギャングメンバーの一人で、麻薬取引が失敗して敵の私を撃とうとしたんだ」。

それを雇い主である父親に報告すると、肩をすくめて「いくら欲しいんだ？」と聞いてきたという。少年はお咎《とが》めなしだった。銃のコレクションを居間の棚に飾るのはやめ、銃弾はハナが保管することになったが、数週間後、今度はナイフを喉元に突き付けられるという経験をする。「そういうことがしょっちゅうあったわけじゃないんです。10年間に5家族を担当したけれど、ああいう経験は一度だけ」。少年は精神的に問題を抱えていたという。

さて、そのウルトラ・リッチが求める家庭教師のスキルとは。生徒が16歳で受けるＧＣＳＥ（全国統一試験）で好成績を出すことはもちろん、フランス語、ロシア語、北京語のうちの2

つ、あるいは3つすべての言葉が流暢に話せて教えることができること、そして滞在先での国に合わせて授業のカリキュラムを組めること。これに学習困難、精神的な問題などが加わると、報酬はさらに上がる。

ある派遣会社トップは言う。「子どもの問題行動は、富と特権を持つ家庭環境にあるんです。親は特権階級ならではの行動をする。たとえば、フライトの出発時刻を守ったことがない。なぜなら、彼らが使うのはプライベート・ジェットだから。子どもは自分の無責任な行動で何が起こるか想像できない。もうすべてを持っているので、何かのために努力をする必要がない」。

ひとつ、例に上がっていたのが日本人の家庭だった。日本人にもそんな超お金持ちがいるんですね。12歳、男児。両親との関係は最悪で「学校とのトラブルが絶えない。親の財産を自由に使えるため、友人はお金で買っているようなもので本当の友人がいるかどうかは不明。どんな問題も父親のお金で解決できると思っている」。

そんな息子のために親が用意している報酬は最低で16万2000ポンド（約2400万円）、もし2名雇うなら2人で21万6000ポンド（約3200万円）。「息子と共に米国に渡り、電話をしたらいつでも答えられる状態で待機していること。家庭教師であるだけでなく、メンターであり、人生のガイドであり、友人でもあり、そしてあるときは親代わりにもなってくれる人」。これだけ要求されたら、この金額じゃ合わないかも。

一方、注意しなくてはならないこともある。「彼らは想像を絶するほどの大金持ちです。どんな関係を築くかは私ではなく、彼らが決めること。普通の家庭教師だったら、何か衝突があれば最悪の場合でも仕事をクビになるだけで済むけれど、彼らとの場合はわからない。働いている場所は彼らの国、そして往々にして権力を持ち、重要人物でもあったりする。私はといえば、その国では誰も知らないし味方もいない。だから仕事を受ける前にクライアントのバックグラウンドを入念にチェックします。あまりにも不透明な場合はお断りします」。

つまり、公明正大ではない超お金持ちもいるので気をつけろ、ってことです。また、「特別なご褒美としてロレックスの時計を贈られたり、プライベート・ジェットや休日用の別荘を使わせてもらったりしても、平常心を失わないこと。それは期間限定の生活で、キミはその一部。翌日にはクライアントはリムジンで邸宅に帰り、キミは電車で家に戻る。生徒の両親は、キミのボス。彼らはキミと何かを一緒にしたいわけじゃない。プロの仕事を期待してキミを雇ったんだ」。贅沢に舞い上がってはいけない。

お金があってもその楽しい使い方を知らなければ、幸せとは言えなさそうだ。で、楽しくお金を使っている金持ちの話をしましょう。はっきり言って、ウルトラ・リッチではないけれど、凡人よりははるかにリッチです。

ロンドンに建つザ・シャード、39階の一室、ベッドの上ではカップルが言い争いをしている。そして、ベッドの周りでその二人を見つめる11人の人たち。これは、裕福な人たちに最近人気のイベント、プライベート・シアターの夕べだ。この週、1泊1万ポンドのスイートは193

0年代のアパートに変身し、ノエル・カワードの作品が限られた人のために上演される。お金さえ払えば、どこへでも劇場を出前してもらえる。

プロデューサーはルーシー・イートン、30歳。プライベート・シアターのアイデアは、偶然生まれた。ある日、劇場での公演がドタキャンされ、代わりにスーパー・リッチの自宅で上演を依頼されたのが始まり。「観客はくつろいだ雰囲気がとても気に入って、私たちにとっても今までにない素晴らしい経験だった。で、これはいけるんじゃない?ってことになったの」。

そしてイートンとパートナーは専門の劇団を立ち上げる。ロンドンの高級住宅街の庭で、プライベートのポロ競技場で、地中海に浮かぶヨットの上で、さまざまな演目を上演する。価格は平均5000ポンド(約75万円)。しかし場所、演目、上演時間によって相当高額になることもある。「自宅や個人的な集まりに役者を呼ぶのは、シェイクスピアの時代にもやっていたこと。それを現代に復活させたいの」。

オリヴィアは、ロンドンのシティで管理職として働く42歳。すでに2回、チェルシーの自宅にイートンの劇団を呼んだという。一度はジョン・ヴァン・ドルーテンの作品を子どもたちやゲストのためにアレンジしてもらい、飲み物とカナッペでくつろいでいるところへ役者が飛び込んできて、パフォーマンスが突然始まるという趣向だった。「何が始まったんだ、というみんなの興奮が手に取るように感じられて、最高だった」。

40歳の誕生日にも、もちろん呼んだ。「この数年、ロンドンとニューヨークで100以上のステージを見たけれど、自分が劇の一部になっていると感じられるのはコレだけよ。それに公演の後、一杯飲みながら演じていた人たちとお話できるのも楽しい」。イートンも「役者たちも、おもしろいチャレンジだと言って喜んでくれるし、スーパー・リッツナの生活が垣間見れるのも楽しいみたい。私たちも、彼らの新たなキャリアづくりに協力しているという喜びがあるわ」と言う。

お金が使いきれないほどあっても、目標が見つけられずに時間が過ぎていく人もいれば、人生にこんなに楽しいことがあるなんてと、お金を使う人もいる。いずれにしても、お金がないとそういう経験はできない。

ある階級以上のおつきあいをしたいと思えば、英国はお金があるだけでは不足で、プラス由緒ある家柄というのが大切らしい。そうでないと、イブニング・ドレスとシャンパンの夕べに出かけても、コンプレックスはぬぐいがたいようだ。お金があっても、教養があっても、何かで差をつけないと満足できない国、ということでしょうか。旅行大国ニッポンには超お金持ち用のサービスが欠落しているとか。でも、超お金持ちでマナーを知らない人がいっぱい来ても、困るよね。でも、超お金持ちは、ウルトラ無礼でも本人たちは一向にかまわないんでしょうね。

ドライバーは見ている

ウルトラ・リッチはわからない。

雇い人を多く抱え、その人たちに私生活のいろいろを知られ、隠したいことはいっぱいあるはずなのに、あまり頓着していないようにも見える。リッチも「ウルトラ」ともなれば、家族以外はいないも同然なのだろうか。

ジェイン・ラーソンはハーバード大学を卒業後、演技と映画製作について学ぼうとカリフォルニアに移った。数年後、友人の勧めでハイヤーの運転手になる。その仕事なら空き時間に映画の仕事をすることもできるだろうし、4万ドルの借金も返せると思いきや、日によっては17時間勤務の時もあり、とても空き時間に何かができるような仕事ではなかった。でも、顧客は映画スターやショービジネスのトップたちで華やかな部分もあり、オスカーやゴールデン・グローブの会場へ彼らを運んだこともある。しかし、サウジの王室の仕事をした後では、どんなにわがままで勝手なセレブの振る舞いも色あせて見えるという。

ラーソンは、彼らのために7週間雇われた40人のドライバーの一人で、24時間7日間、いつでも呼び出しに応じられるよう、待機していなければならなかった。彼女の担当はプリンセスとその子どもたち、家族に仕えるボディガード、側近、子守りや秘書たち全員。

忘れられない出来事は、12時間勤務の後、ある特定のブランドの脱毛クリームを27本用意せよと言われ、ロサンゼルス中の20の店を回ってかき集め、戻ったら「遅すぎる。もういいわ」と言われたこと。整形手術を受けたプリンセスの親友を迎えに行くと、散々待たされた挙句、外に出てきたら手術のショックで気を失い、クルマに運ぶのに数人の助けを必要としたこと。飲まず食わず、眠らず、分単位で仕事が発生する数日を経験した後、出した結論は「この仕事のゴールは、生き残ること」だった。女性であるということと、ドライバーとしての経験が浅いということで、彼女はドライバーとしてはもちろん、家族のスタッフよりも格下として扱われた。

スタッフの中で一番意地悪だったのがヘア・ドレッサー。彼は、車列の中で一番地味なクルマ（フォード・クラウン・ヴィクトリア！）と、女性のドライバーを割り当てられたことに腹を立て、彼女に悪口を浴びせ、いばり散らしたという。

仕事を続けるうちにクルマが格上げされ、評価もされているのかと思ったら、7週間後、自分の勘違いに気づかされる。彼女が受け取ったチップは1000ドル、他の男性ドライバーはその5倍を受け取っていた。「私は誰よりも働いたのに」。

ロンドンのウェストミンスターでドライバーの派遣会社を経営しているアーヴィン・ギョニも、アラブ首長国連邦、クウェート、サウジの王室は要求が半端ではないという。ドライバーの資格についても事前に50項目のリストを送ってきた。

典型的な彼らのロンドンでの一日は午後2時ごろに始まる。ニュー・ボンド・ストリートとハロッズで3時間ずつお買い物、その後メイフェアのレストランで食事をして、エッジウェア

・ロードにある水タバコが吸えるバーに行って夜中過ぎにご帰還。一週間60時間勤務。でも二週間でもらったチップは５００ポンド。要求は高く、チップは安く。

ロンドンで上流階級向けのスタッフ斡旋業をしているアーヴィング・スコットによると、会社役員やスーパー・リッチ家族のための運転手は年収で３万５０００～６万ポンド。長期勤務や忠義が認められればボーナスも見込める。

プライベート・ドライバーが注目されたのは、世界ナンバー１の広告代理店グループＷＷＰの創設者マーティン・ソレルが15年勤続の運転手をクビにした時だ。運転手によれば、夜中の2時にソレル氏の妻をメイフェアのレストランへ迎えに行くように言われ、朝７時の勤務開始まで「それはできません」と断ったことが原因だったという。彼としては2、３時間の睡眠では疲れが残り、仕事である「安全運転」に支障を来たすからというのが理由だったが、結果は翌日にクビ。

最近では、単なる運転手ではなく、護身術や護衛の心得があるドライバーが求められるという。この需要に応える会社で有名なのが「キャップスター」。創設者のロバート・クロスとチャールズ・ボーモントは二人とも元英国陸軍勤務。２０１２年に会社を立ち上げたときは、イラクやアフガニスタン戦争で負傷した兵士を含めた、元軍関係者を雇うことを使命の一つに掲げていた。

今では業務の幅を広げ、顧客のライフスタイル・防犯システムの管理や、美術品・宝石の購入の相談にものっている。陸軍士官学校出身のボーモントは、あるスイスのビリオネアの要求「家族のための24時間勤務」に応えるため、日本のＬＩＮＥのようなアプリをダウンロードし、家族の親しい友人のような立場で勤務している。

スモークガラスの高級車を操るパーソナル・ドライバーは、ほとんどの人が見ることのない「リッチ・アンド・フェイマス」の私生活を見ることもあるわけで、仕事獲得には個人の推薦状が必須。そして、「口が堅い」ということがとても大事だ。しかし、「別れ」の仕方を誤ると、とんでもないことになる。後部座席でドラッグやセックスをしていたことが暴露されてしまう。

保守党支持者でマルチミリオネアのクリストファー・モランの元運転手は「モランが所有しているチェルシー（高級住宅街）のホテルでは売春が行われていたよ。いったい、何個のコンドームが捨てられているか、ゴミ箱を見たことがあるんだ。少なくとも１００人の女性が組織的に働いていた」。もちろんモランは否定したが、25年も勤めた運転手に「ありがとう」の一言を言わなかったことで、タブロイド紙の餌食になった。フランスの元大統領ジャック・シラクも元運転手に「とっかえひっかえ女性を引っ張り込んでいた」と本に書かれてしまった。

フーソンはハイヤーの運転手をしてから、自分が利用するときには以前よりずっと用心するようになった。「ドライバーは私が何を言ったか、何をしているかちゃんと見ていることを知っているから」。

ハーヴェイ・ワインスタインの元運転手も本を書くかもしれませんね。

世界の99％の人の暮らしとは

ウサギ小屋から靴箱へ

「エッ、いつ東京を抜けたの？」。

新幹線に乗った外国人が、あまりの家屋の連なりにどこで町が終わって始まるのかわからなかったというのがオチだった。欧州の報告書の中で日本の家が「ウサギ小屋」と表現されたのは１９７９年。以来、日本人が自嘲を込めて使う言葉になった。

英国の都市部では作っても、作っても、住宅難がなくならず、ずいぶん狭い住宅に住んでいる人もいるらしい。「靴箱ハウス」。日本よりも家賃が割高なので、賃貸はできれば避けたい人が多い。でも、懐事情によってそれが困難な人たちもいる。

ジェニーは35歳。ある事件に巻き込まれたことで外傷後ストレス障害と診断され、医師から仕事を止められている。そこで「35歳独身なら月５００ポンドまで」という家賃補助のシステムを利用し、住むところを探した。現在の家賃は光熱費抜きで月４７５ポンド（約7万円）。一戸建てを9つのフラットに改造した中の一番小さな部屋で、ダブルベッド、流し台、ガスレンジ、オーブン、洗濯機、衣類用レールハンガー、窓のないバスルームがついて、全部で18スクエア・メーター（約5坪強）。テニスコート（約79坪）なら、この部屋が14個分入る勘定だ。

騒々しい道路に面しているため、窓は開けられないし、バスの停留所が目の前だからブラインドを上げることもできない。外ではおしっこをする人、ドラッグをやる人がいて、気分が落ち込む。部屋の中では料理をすればその匂いが衣類につき、ベッドの上で食事をする生活なんて思いもよらなかった。「うつ病になっていない人でも、ここに住んだらそうなっちゃうわ」。

２０１４年の新築住宅の平均は76スクエア・メーター（約23坪）、ヨーロッパ諸国の中で一番狭く、デンマークの平均の約半分。居間の広さは１９７０年代には平均25スクエア・メーター（約7坪）だったのが、今では17スクエア・メーター。１９６１年のレポートでは一人暮らしには最低32・3スクエア・メーターが必要とある。現在のジェニーの住まいのほぼ倍だ。

クリスは24歳、ガールフレンドのマーリーとブリストルの小さいフラットに住んでいる。家賃は６２５ポンド。ベッドルームはあるけれど、壁と近すぎてほとんど身動きが取れない。キッチンと居間も狭く、二人とも家にいると独りで過ごせるスペースがない。クリスは不安障害に、マーリーは摂食障害に悩んでいて、「ボクは外の世界ですごくストレスが溜まるから安心できる場所が必要なんだけど、帰って来ても狭くて散らかっていてくつろげない。マーリーもキッチンがゴタゴタしていると食べなくなっちゃうんだ」。

シャックは28歳、小学校の先生をしていた。ロンドンで小さなフラットをシェアして月６００ポンドの家賃を払っていたけれど、修士課程を修了するために働く時間を減らすことに決め、リハプールに移ってジェニーとほぼ同じサイズのワンルームマンションに引っ越した。家賃は３５０ポンド。「自分のやりたいことをしようと思えば、住むところはこんなところになっちゃうんだ。自分で決めたことだから我慢できるけど、こんなに狭いところに誰かと一緒には絶対住めないな」。

最近ではオフィスビルを住居用に改造・改装する流れがあり、ある7階建てビルは6フロア分が、1フロア10室のワンルームマンションに変わった。これらの部屋は政府が推奨している広さ（37スクエア・メーター）の3分の1。低品質、高価格の賃貸用物件だ。

ジェニーは図書館を利用したり、友人の家に遊びに行ったり、近所を散歩したりして外に出るようにしている。「自分の部屋を出ると、途端に気持ちが楽になる。１００倍も気分がいいの。でも、結局はまたあの部屋に帰らなくちゃならないのよね」。

ある調査によると、英国はヨーロッパ諸国の中で5番目に「格差」が激しい国だ。全体の5分の1以上の国民が貧困ライン（平均収入の中央値の60％以下）以下の収入で、3人に1人の子どもがフード・バンクを利用している。上位20％と下位20％では収入に6倍の差があり、上位10％が44％の富を所有している。

英国では「バイ・トゥー・レット」といって、貸すために家を買うことが投資になっていた。買えば不動産価格は右肩上がり。傾斜が緩やかになったとはいえ、たぶん今でも右肩上がりだ。ただし現在は上がり過ぎて投資熱は前より下火のようだけれど、その分買いたくても買えない人が増え、賃貸業者はニンマリのようだ。ジェニーなどはもう一生家は買えないと思っている。

「ウサギ小屋」というのは「画一的な都市型集合住宅」を指した言葉で、「欧州に比べて狭い家」というような優劣をつけるための表現ではなかったらしい。でも、私は狭い家の別表現だと思っていたし、それよりももっと狭いと表現したくて「キャラメルハウス」という言葉を発明した人もいましたっけ。

日本では空き家が増えていると言い、英国ではまだまだ足りないと言う。英国人が日本人より勤勉だとは思えないし、英国が日本よりも経済的に元気だとも思えない。なのに、この差は何なのだろう。世の中、理不尽なことがいろいろだ。

ホームレスとキャッシュレス

「いつもニコニコ現金払い」はもう、死語？

この言葉を知っている人も少ないかもしれない。私の限られた観察によると、英国人の財布にはあまり現金が入っていない。デビッド・カードの支払いが日本よりもずっと浸透しているし、数年前からはコンタクトレスといって、読み取り機にカードをかざすだけで支払いが済む、超便利な機能が導入されたから。サインも暗証番号も必要ない。当初は上限が20ポンドだったけれど今は30ポンドまでなら、この方法であっという間に決済できる。

今、英国では銀行やATMがどんどんなくなっている。特に銀行の店舗はすごい勢いで閉鎖されている。ライム・リージスという英国南部、海岸沿いのリゾート地では、昨年の夏に最後の銀行の支店が閉鎖になり、3600人の住人と観光客は現金が必要になると、町で唯一の郵便局のATMに列を作ることになる。2015年以降、英国全体でほぼ3000の支店が閉鎖になり、2018年前半だけで、月に500のペースでATMが姿を消したという。

さらにその先を探ると、英国の電子決済は2026年までに、米国のカード会社ヴィザとマスターカードの2社に90％握られるという。クレジット・カードやデビット・カードは銀行経由の決済プロセスを経ることで、現金取引の3倍のチャージがかかり、それは業者が負担しなければならない。個人商店や小さなカフェには大きな負担だ。

ヴィザとマスターカードの真の目標は「打倒、ATM」。ATMがなくなれば、キャッシュが使えなくなり、カードを使わざるをえなくなるから。ヴィザのアル・ケリーはある会議で「ビジネスからキャッシュを駆逐するのだ。消費者にはヴィザ・カードでどんどん買い物をしてもらおう」と言い、マスターカードのアジェイ・バンガは「キャッシュは敵だ」と公言する。

市場を独占した暁には、手数料だけで莫大な収入になる。ただし、サイバー・アタックに見舞われるといっぺんに混乱するという大きな弱点がある。ヨーロッパでは、スウェーデンが一番キャッシュレス化が進んでいて、支払いの約80％がキャッシュレス。でも、ヨーロッパ全体では平均80％がまだ現金を使っている。

年に2回、ウェールズのフィッシュガードという町に出かけるのだが、そこの町でも一つ、また一つと銀行がなくなっていき、今では銀行の支店は皆無、ＡＴＭは郵便局とスーパーの入口にあるだけだ。お年寄りやインターネット・バンキングをやらない人にとっては受難の時代。しかも最近はカードの代わりにスマホでも支払いができる。テクノロジーに疎いと、不便や回り道を強いられる時代になった。英国ではコンタクトレスの普及が目覚ましく、ほとんどの小売店やカフェで機能する。ということは、小銭を持つ必要もなくなってきたということで、この影響を大きく受けているのがホームレスの人たち。路上で、現金を得る道が極端に細くなってしまったのだ。

ジョンジョ・ドゥは短い刑期を終え、3年前にケンブリッジにやってきた。ホームレスだけれど生活を立て直したいという意欲は人一倍だ。今は「ビッグ・イシュー（ホームレスの収入になるようチャリティー団体が発行している小冊子）」を路上で売っている。「みんなに声を掛けるんだけど、「悪いな、現金を持っていないんだ」とか、「小銭を持ってないんだ」という人が多かったな」。ドゥは都合のいい言い訳ではないかと思っている。

そこで、彼はコンタクトレス用のカード・リーダーを買った。ホームレスがカード・リーダー。何ともミスマッチな気がしますが、これで売り上げが飛躍的に増えたという。今では4分の1以上がコンタクトレスの支払いだという。

チャリティー団体もキャッシュレスは他人事ではない。バークレイ・カードによれば、現金だけをあてにしていると8000万ポンドの寄付をフイにする可能性があるという。ホームレスを支援する「ラフ・スリーピング・パートナーシップ」は5月から11月までの7か月間、街頭でコンタクトレスによる寄付を募ったところ、月平均370ポンドが集まったという。

また、路上アーティストも例外ではない。音楽を演奏するミュージシャンの前には空のギターケースが小銭を受け取るように開いていたり、帽子が置いてあったりしたものだ。シャーロット・キャンベルは、いずれキャッシュレス社会が自分のキャリアにも何かしら影響があるだろうと考えていた。大勢の人が「現金を持っていないの」と言い訳するのを見てきたから。

彼女の歌はiTuneでもSpotifyでも購入可能だし、自分のウェブサイトも持っているから収入の道は路上だけではない。でも、彼女はロンドン市長が音頭を取った「路上アーティストのためのコンタクトレス推進運動」でマシンの配布を受けることができ、ギターケースにはそれが鎮座している。カードを近づければ1ポンドが引き落とされる。「小銭を投げ入れるという行為には、ロマンチックな部分があって、それがなくなるのは残念だと思う人はいると思う」。

マイケル・ヘネシーの仕事場はバースの路上だ。ある時期から帽子に入る現金が減ってきたことに気づいていた。「たぶん、世界的に経済が見通せないことと、ブレグジットとトランプ?」。彼もコンタクトレスを取り入れた。最初は指さして笑う人が多かった。収入になるというよりは観客とのやり取りで笑いを取った。

ニッキ・フォスターはオペラを学んだアカデミックなシンガー。でも、人が望む歌ではなく、自分が歌いたい歌を聴いてほしいと路上で歌う。「路上で歌うということは、自分が何者なのか教えてくれる、とても貴重な時間です」。今も自分が歌いたい歌だけを歌う。今までの最低金額は1時間で20ポンド、だいたいは1時間で50ポンドの収入になるという。キャンベルも路上で歌うことだけで、ロンドンの家賃を賄っている。印象とは正反対に、路上アーティストは高額所得者かも。

私はどちらかというと現金派。自分がいつ、どこで、何を購入したかが筒抜けなのはイヤなのだ。行き過ぎたキャッシュレスは監視社会の始まりだと思う。中国はキャッシュレスで最先端を行っていると喧伝する向きもあるけれど、かの国では偽札が横行して現金が信頼できないという事情があるらしい。進取が良いとばかりは限らないのだ。

ウェブ上で好みを反映した広告がいつの間にか増え、「あら、いいじゃない」とクリックするとしたら、それは掘られた穴に落ちるようなもの。ターゲットになったという自覚がないだけ、イヤな感じ。日本人も「キャッシュレスに乗り遅れるな」という一方的な言い分に惑わされることなく、財布にはある程度の現金を持ち、ニコニコ現金払いの習慣も大事にしてほしい。「カードも現金も、どちらも使えます」というのが一番いいのだから。

3

❖

暮らして知る英国

1 マネーで見る英国

おいくらですか？

サービスが悪くて、高い

「この列車はキャンセルです」。

英国では誰もこれに驚かない。日本では朝のニュースで、ローカルの天気予報と交通情報を流す。BBCにもそんな時間があるけれど、混み具合を赤やオレンジで色分けするほど親切ではない。それでも一応見ているのは列車の情報もあるから。きちんと運行されているかどうか、出かける日は確かめなくてはいけない。

こちらに来てから、全く理解できないのが公共の乗り物の運賃。時間帯によって大差がある。

たとえば、わが家の最寄駅からロンドンまでの列車。朝や夕方のラッシュ時の料金は単独で買うと往復で64・50ポンド。ラッシュを過ぎた一番安い時間帯だと19・40ポンド。実に3倍以上の差がある。そして、場合によっては片道だけを買うほうが高くつくことがあり、往復を買って、片道をムダにしたほうが割安なこともある。

ピーク以外の時間帯も、行きはオフ・ピークで帰りはオープン、行きはピーク時で帰りはオフ・ピーク、往復ともオフ・ピーク、ではどれも料金が違い、オフ・ピークも「スーパー・オフ・ピーク」と「オフ・ピーク」の2種類がある。これに、ロンドンの地下鉄とバスで利用できる「ワンデイ・トラベルカード」を追加するとまた料金が変わる。料金体系は複雑怪奇で、英国人でもきちんと理解している人はいるのかどうか。

しかもこの料金、毎年上がる。サービスは向上しないのに、料金だけは上がる。２０１７年は最悪だった。私が利用するサザン・レイルウェイではストライキが頻発し、それがほぼ1年間続いた。会社側は人件費を減らすためにドアの開閉をチェックするスタッフを廃止したがったが、現場では運転手が一人ですべてをすることに抵抗があった。車両は長い時は12両にもなり、それを考えると一人では不安かも、とは思う。

でも、1年間の断続的なストライキ。日本では考えられません。急に前日とか前々日に宣言するから予定が台無しになる。ロンドン市内でも地下鉄、バスのストがあったりして、うっかり出かけていくと約束の時間に間に合わなかったりする。しかも、ストでもないのに突然、列車がキャンセルされることもよくある。また、信号が壊れた、洪水で一部中断などの理由で一区間だけバスに乗り換えさせられ、電車なら30分で行けるところを1時間かけて行くことになる。そのバスだって満員にならないと出発してくれない。

ロンドンのバスも目的地まで運行しないで「このバスはここでおしまいです。他に乗り換えてください」と突然アナウンスされることもたびたび。どれも、「よくある」「たびたびある」ことで「まれ」なことではない。そして、日曜日のダイヤは全くあてにならない。修復工事で不規則になり、大幅に本数が削減されるから。日本だったら深夜にやるでしょう?! これが「産業革命」を主導した国なのか?! 最初の頃はプチプチと怒りが湧き上がってきたが、この頃は慣れとあきらめで、ため息が出るだけだ。

2017年のストライキの時は、ロンドン勤務をあきらめて、自宅で仕事をする人さえ現れた。しかも、そんなサービスなのに毎年1月には値上げがある。だいたい2~3%前後。ロンドンへ通勤する人はシーズン・チケットという定期券のようなものを買う。期間は1週間、1か月、2か月、6か月、1年で選べる。うちの駅からロンドンだと、6か月で3000ポンド弱、1年間で5000ポンド（約75万円）弱だ。日本の会社では交通費を負担してくれるが、英国では自分持ち。だから高い交通費は直接収入減として跳ね返ってくる。職住接近はとても大切なのだ。

切符はオンラインでも券売機でも買えるが、窓口で買う人が多い。窓口は券専売と、券購入と目的地までの相談ができる二種類がある。料金システムが不可解なので、どのルートで何時以降、何時前に利用するとお得なのか、駅員に聞きたい人が多いのだろう。列にどんなに人が並んでいようと、相談する人は納得するまで駅員と話し、駅員も根気よく応対する。列で待つ人たちも内心はイライラしているだろうが、辛抱強く待つ。そして、次の人がまた延々と同じことを繰り返す。私などは予定がわかっているときは前の日までに切符を買っておく。

日本に帰ると、友人に会いに東京へ行くことがある。交通料金が明快なのがとてもうれしい。でも、人が多くて忙しすぎて緊張する。特に券売機。もたもたしていると後ろから舌打ちが聞こえてくるような気がして、行先までの料金と路線乗り換えをしっかり見届けておかないと列には並べない。最近は「パスモ」があるから、ちょっと安心。

ロンドンにも「オイスター・カード」という似たようなカードがある。地下鉄やバスに乗る時は便利でおトク。旅行者がよく使うワンデイ・トラベルカードは、２０１９年現在で13・10ポンド、朝９時半を過ぎないと使えないオフ・ピークで12・70ポンド。これではロンドン中を走り回って観光しないと元が取れそうにない。数日滞在するのであれば、５ポンドの発行手数料が取られるけれどオイスター・カードがあった方が便利だ。ちなみにロンドンの地下鉄の初乗り料金は４・90ポンド。早くて安くて信頼できる、東京の地下鉄の優秀さには、本当に脱帽。

でも、英国の乗り物を利用して感じるのは、日本よりも若い人がお年寄りや子ども連れに親切だということ。大きな荷物を持っていれば、電車やバスでは必ず助けてくれる。そういう点、日本は冷たいなあと思うことがよくある。

小包の税金が不透明

日本に帰るといつも自分宛てに、英国へ小包を送る。この頃は長距離のフライトだと、一人で23kgのスーツケースを2つチェックインできるが、私は機内持ち込みに加えて2つもスーツケースを運ぶのは面倒なので、スーツケースは1つにして、持ちきれないものは小包で送る。だいたい本がほとんどで、後は重量感のある調味料や食品を詰める。送料節約のため、船便を利用する。でも、行方不明になって欲しくない、早く手元に欲しいと思うものはＳＡＬ便やＥＭＳを使う。

ウワサでは、時々抜き打ち検査があって、伝票に書いてないものは抜き取られるという話も聞くので、伝票には細かく内容物を記載する。そして、これは全くの一人合点だけれど、2か月もかけて送るものはそれほど重要度が高いとは思われずに、検査もユルイのではないかと期待している。

ところがある時、「この小包を受け取るためには、○○ポンドの税金を払ってください」という通知が来た。「ウーン、今までといったい何が違っていたのだろうか」と考えた結果、ＳＡＬ便だったことと化粧水が入っていたことしか思いつかなかった。「化粧水は高いと思われたのかもしれないな。やっぱりＳＡＬ便だとチェックの目がウルサイんだ」。

そして、姉が夫と私にとても手の込んだステキなセーターを編んでくれたことがあった。確実に早く届けたかったのでEMSを利用した。手作りだし、お金はかかっていないから「中古衣料」として送った。そうしたら「量に比べて、見積金額が低すぎる」という理由で、税金を払えと言ってきた。「手作りなんだからセンチメンタル・バリューは高いけど、金額は0円なんだけどな」。納得はいかなかったけれど、早く手元に欲しかったから支払いを済ませた。

さて、別の年。船便で送った荷物が10週間経っても届かない、と心配していたら来ました、通知が。今度は「税務局のルール143の規定により、○○ポンド支払うように」。そのルール143のサイトに行ってみると、「EU以外の国からの39ポンド以上に相当する品物には税金がかかる」というような文言が。39ポンドということは日本円にして6000円程度。そのくらいの金額のものは今までにも送っていた気がするんだけどな。それにしても不思議なのは、どの小包も開けて確かめた様子がないこと。どうやって、中身の値段を推測するのか。

と、このように、小包の税金のシステムには疑問符がいっぱい。電話で問い合わせた友人もいたが、「納得いかないなら、担当部署へクレームを言いなさい」と言われたとのこと。わからないことには徹底的に抗戦すべし。だけど、それでまた時間がかかるのなら、さっさと払ってしまうほうを選んでしまうワタシ。で、当局もそういう反応を期待して、手っ取り早い稼ぎ口としてランダムに荷物をピックアップしているのではないか。ちょっと、イジワルな見方ですけど。

日本に住んでいる英国人の友人が、父親の誕生日プレゼントをアマゾンで注文して、英国の実家を配達場所に指定したら、新品だったためVAT（付加価値税）が課され、「お金を払いに郵便局まで行かなきゃならなかった」と父親に文句を言われたとか。孝行をしたつもりが、お小言をもらってしまったわけだ。

以前、友人がクッション入り封筒でプレゼントを送ってくれたのだが、待てど暮らせど着かず。そうしたら送付元の友人のところへ「受取人が現れなかった」といって戻ったこともある。不在連絡票なんて入っていなかったのに。そういえば、クリスマス・カードを出したらマレーシア経由で配送されたということもあったな。

それでも今まで、送ったものが届かなかったということは皆無なので、両国の郵便システムをとても信頼している。

新聞料金が高すぎる

私にとって「読む」ことは「めくる」ことだ。

インターネットによって、読むことは「スクロール」することになった。でも、私は本屋さんが好きだし、電車や飛行機に乗るときには必ず本か雑誌がないと落ち着かない。景色を楽しんで、ひょっとしたら読まないかもしれないが、何か読むものを持っていることが大切なのだ。

しかし、こちらに住むようになって、日本発のニュースやコラムはネットを利用するようになった。ただし英語が母国語でない私には、英語の情報は印刷した媒体で、じっくり読まないと頭の中に入ってこない。だから、新聞は欠かせない。

わが家の購読紙は『ガーディアン』。プリント媒体の苦境は顕著で、その値段の上がり具合に眉毛も上がる。英国には日本のような新聞配達というサービスはない。駅のキオスクやお店で買うから、値段には敏感になる。２００３年頃は50セント硬貨で１部買えたのが、ジワジワと値上がりし、今では平日で２・20ポンド、土曜日で３・20ポンド。

わが家では１ポンド硬貨で買える頃までは現金で買っていたけれど、ある時期から割引のあるバウチャーを利用するようになった。週７日、週６日、週末のみ、プリント媒体のみ、デジタル版のみ、プリントとデジタルのセットなどのパッケージから選べる。プリントを選ぶと１週間分が１頁、３か月分のクーポン券が小冊子になっているものが送られてくる。１日ごとに切り取って新聞と交換する。デジタル版はタブレットにダウンロードして１週間は保存でき、古くなった新聞から消えていく。週６日、プリントとデジタルのセットで、２０１１年は年間購読料が２６９・12ポンドだったものが、２０１８年では５７１・48ポンド。約８万５０００円。ちなみに日本の主要３紙、朝刊のみの年間購読料は４万円弱。しかも、ガーディアンはサイズを２回縮小している。高級紙の大判サイズだったものが、２００５年からベルリナー判と呼ばれる47センチ×31・５センチになり、２０１８年には40センチ×28・５センチのタブロイド判に。デジタル化で購買者と広告収入が激減した結果だという。

ガーディアンは１９８年の歴史があり、政治や国際問題などの調査報道で定評がある。調査が記事として結実するまでには、膨大な時間と人手とお金がかかる。新聞の質を落とさないためには、節約できるところはしなくてはならない。そこで、紙面は小さくなり、価格は上がった。２００５年４月には約34万部あった発行部数は、２０１７年４月には約15万部に減少、タブロイド判移行にあたっては印刷もタブロイド判を発行している他社に委託したという。

日本に住んでいたころは、情報は取ろうとしなくても入ってきた。電車の中吊り、広告、フリーペーパー、本屋の平積み、ウィンドウ・ディスプレイ、街を歩いている人。意識せずにいろいろな情報が蓄積されて、「今、世の中はこんなことになっている」と肌で感じることができた。でも、異国にいると自分で積極的に知る努力をしなければ、知らないですんでしまう。たぶん、知らなくてもそれほど困らない。

ガーディアンはタブロイド判になったことで厚みが増し、国内、海外、政治・経済、特集、社説など、情報量は毎日、膨大だ。すべてを読むのは不可能で、きちんと読むのは３つか４つ。それなら、ネットで読めばいいじゃないかと、自分でも思う。でも、一枚ずつめくりながら、見開きで写真と記事を見て、見出しを読んで、一通り見終わったら興味が湧いた記事に戻る。私にはそういう儀式が必要で、英字紙は「めくりながら読む」と安心する。ただ、一読者としては、前のサイズの方がずっと良かった。

そして２０１８年、３か月ごとに送られてきたバウチャーは磁気式のプラスティック・カードに代わった。バウチャーを印刷して郵送するコストさえ惜しくなったのかもしれない。ウェブサイトに行くと、「調査報道のジャーナリズムにご協力ください」という文言と共に寄付のお願いが出てくる。私は購読料を払うことで十分貢献していると思っているので、そこまでは協力しないけど。でも、現在は１００か国以上で50万人の定期購読者とサポーターを獲得し、過去12か月間では１４０か国以上から30万人が寄付に協力してくれたという。

英語が母国語でもないのに定期購読する私なんて、ずいぶんありがたい顧客ではないか。でも、バウチャーがプラスティック・カードに代わって、購読をやめようかなあと真剣に考える。バウチャーの時は新聞さえおいてあればどの店に行ってもよかったのが、カードになったら、カード・リーダーがないところでは使えなくなり、それがだいたいコンビニなのだ。英国で私はほとんどコンビニに行かない。それなのに、新聞を買うためだけに行かねばならず、それもスタッフが不案内だと「うちでは使えないな」とけんもほろろだ。ネットでどの店で使えるかを確かめて行ってもこうなのだ。そして思う、「この近辺でこのカードを使う人は何人いるのだろう」と。私のようにめくりながら読みたいという人は確実に少なくなっている。で、購読をやめちゃおうかなあと思いつつ、サポートのつもりでまだ続けている。

ロンドンでは『イヴニング・スタンダード』と『メトロ』という無料の新聞が駅構内に山積みになっていて、それを電車の中で読む人も多い。でも、持ち帰る人はほとんどいないので、車内の至るところでゴミと化している。環境、環境という割には、この国の人はゴミに対して無頓着だ。ゴミを片づけるのは自分ではなく、他の誰かの仕事だと思っている。日本のように、小さい頃から学校で掃除をさせればいいのだ。そうすれば、この国はもっときれいになる。

2 英国体験カレンダー

見て、観て、愉快な一日

小鳥とキツネとヘッジホグを飼ってます

小さい頃から犬好きで、犬と一緒にいられるなら、人間の友だちなんていなくてもいいと思うくらい好きだった。一度、野良の子犬を連れて帰って母にこっぴどく叱られ、泣く泣く元居た場所に返しに行ったときは心が張り裂ける思いだった。でも、犬を人間のように扱うのではなく、犬は犬として愛し、慈しみ、大切にしたいと思っている。

一軒家ではなく、フラット住まいなので犬は飼っていない。飼ってはいけないというルールはないのだけれど、日本に数週間帰ることがあることを考えると、夫と犬の一人と一匹生活はちょっと想像しづらく、まだ飼えずにいる。その代わり、庭に来る生き物を見るのが楽しみだ。

雪の降る日が多かったある年の冬、小鳥のためにバード・フィーダーを庭につるしたのが始まり。つるしてみると、コマドリやブラック・バード（クロウタドリ）がやって来て良い声で歌ってくれる。「これはいい」と思っていたら、図体の大きいハトや小型のカラスが来るようになり、フィーダーの真下の芝は突かれてすっかりハゲてしまい、小鳥は遠慮してあまり来なくなってしまった。そこから「ハト／カラス連合」対「私」のバード・フィーダーをめぐる攻防が始まるのだが、これはもうエンドレス。たまに、そこにリスも加わり、根気の戦いは未だ続いている。

バード・フィーダーは４つある。２つはついばみ用のいろいろな種のミックスが入っている。１つは剥いたひまわりの種オンリー、１つは牛脂に種やフルーツやムシを混ぜて固めたもので、寒い冬には少量で高エネルギーが摂取できる必須食品。ここにこの頃、大勢の小鳥がやって来る。多い時は15羽くらい大挙してやって来て、とまり木の争奪戦を繰り広げる。自分の好きなエサを食べようと賑やかだ。それを見ているだけで楽しい。

そして２０１８年の夏、ヘッジホグ（ハリネズミ）が夜、庭に現れるのを発見。早起きの小鳥のため、暗い庭の一角に毎晩ヒマワリの種をまいていたら、ある夜、毛深い丸いものが。ヘッジホグでした。ほとんど絶滅危惧種と言ってもいいような動物なので、見つけたときの興奮は推して知るべし。時代劇の下っ引きが「てェへんだ！ てェへんだ！」とご注進に走るがご

小鳥で賑やかな
バード・フィーダー

夜中にキツネがこんばんは

エサを目当てにやって来るヘッジホグ

とく、家に飛び込み、家人に報告したのでありました。

それ以来、毎晩、エサと水を用意するようになり、暗くなるとこっそりのぞきに行って「あっ、食べてる、食べてる」とホクホクし、見かけないと「交通事故にでもあったのだろうか」と心配になる。で、そうそう頻繁にのぞきに行ってもいられないので、庭にカメラを設置した。すると、新たなことが判明。キツネの親子が来ていた！ そして、ヘッジホグのエサをバクバク食べていた！ 度重なるキツネの襲来にヘキエキしたのか、5日間、ヘッジホグは来場ボイコット。

こうなるとヘッジホグのために立ち上がらねばならず、どうキツネを撃退するかアタマをひねる。でも、キツネが来てくれるのもうれしいのだ。ただ、ヘッジホグの邪魔をしないでほしい。せっかくお気に入りの役者に好物の差し入れをするのに、お呼びでない下っ端が「いただきます」と言って平らげてしまうようなもの。目指す相手だけに受け取ってほしいのに。なかなかうまくいかないものだ。

そして秋の終わり、裏の駐車場のライトを変えたら、ずいぶん明るくなってしまった。防犯用にはいいのだけれど、ヘッジホグが全く姿を見せなくなってしまったのだ。電球を私が勝手に変えるわけにもいかず、悩みどころ。でも、ヘッジホグは11月ごろから翌年の3月ごろまでは冬眠に入るので、状況は春にならないとわからない。

ではキツネは元気だろうかと、クリスマスに残り物のチキンを出してみたら、カメラには猫が写っていた。今度は夜、キツネではなく、猫が2匹やって来ているのがわかった。英国ではノラはいないので、どこかの飼い猫だと思うけれど夜中に散歩をしているのか？　キツネはいったいどこへ行ってしまったのか。

夏になると、チャリティー団体が主催する「夜中の散歩」というイベントがある。英国の夏は夜9時半ごろまで日差しが残り、天気がよければ月の光で結構明るい。夜11時ごろに郊外の駐車場に集合し、動物に詳しい案内人がついて15～20名くらいが参加する。林の中や放牧地の草原を1～2時間かけて歩く。野生動物は用心深いからなかなか姿を見ることはできないけれど、遠くにウサギが跳ねたり、耳を澄ませていると野生動物がゴソゴソ移動する音が聞こえる。澄んだ空には星がまたたき、もし何も見られなくてもトクをした気分になる。

友人の庭には夜、キツネとバッジャー（アナグマ）がやって来るという。本来は仲が悪いはずの2匹だけれど、それぞれエサをもらえるので共存しているらしい。

英国の庭は、昼も夜もとても興味深い。

美術館がおいしい

日本ではアートも一極集中で、古今東西の有名アーティストの展覧会は東京が多い。そして、行くと人の背中を見ながら「立ち止まらないでください」とスタッフに言われながら、前に進むことしかできず、牛歩を強いられる。

ある日、新聞でとても美しい建物の写真を見た。それが、「ヘップワース・ウェイクフィールド・ギャラリー」だった。展示内容の素晴らしさと来場者を惹きつける運営の手腕を評価され、2017年の「アートファンド・ミュージアム・オブ・ザ・イヤー」を受賞した。湖に浮かぶように建つ姿はとても魅力的だ。そして同じ頃、デヴィッド・ホックニーの美術館が彼の生まれ故郷にできたという記事も目にした。この2つはとても離れているのかと夫に聞くと、近いわけではないけれどそんなに離れているわけでもない、という。では、出かけよう。

その2つ同士はそれほど離れているわけではないけれど、その2つとわが家は大変離れている。ヨークシャーの西部。クルマで6時間くらい。そこからさらにクルマで1時間半くらい北へ行くと、日本人にも人気の観光地、湖水地方になる。

夕刻、宿を取ってあるウェイクフィールドに入る。今まで行った町とはだいぶ違う。付近にちょっと行ってみようというようなパブやレストランは皆無。あまり観光客が来るところではなさそうだ。それがはっきりしたのは、翌朝、朝食ルームへ降りて行ったとき。犬連れのカップル以外は皆、ガテン系の若者とおじさんだった。仕事の定宿にしている人が多いようだ。元気よく挨拶をして、私たちも朝食を食べる。いったい、あの美しい美術館はどこにあるのか？

それは、宿からほど近い交通量の多い道路のそばにあった。プロのカメラマンは素晴らしい。

私が新聞で見たのはベストのアングルだったのだ。周りがこんなだとはみじんも感じさせなかった。私が勝手に湖だと思っていたのは水量の豊富な川で流れも速く、大きな柳の木が緑を添え、そばで眺める全体像はやはりとても美しかった。1階はカフェとショップとミーティングルーム。2階が展示室になっていて10の部屋はすべて大きさが違う変形四角形。床から立ち上がった大きな窓があり、自然光がふんだんに入って、とても気持ちがいい。その窓からは眼下に流れる川や、外に展示されているヘップワースの作品を見ることができる。ゆとりはあるけれど、少しも無駄のない空間。館内にはヘップワースの制作の過程を記録したビデオ、模型、写真もあり、こんなに細くて小さい人があんなに大きな作品を作るんだと、そのエネルギーに感嘆する。

そして翌日、ブラッドフォードのホックニー・ギャラリーへ。彼の80歳の誕生日を記念して、生まれ故郷にオープンしたギャラリーだ。大きな石造りの建物の、公立美術館の一角にそれはあった。ガラスのドアにはホックニーの丸メガネのイラストが描いてあって、ユーモラス。中はブラッドフォードでの学生時代から始まって、ロンドン、カリフォルニアの青春期、成熟期、そして現在のヨークシャーまでの歩みが、当時の作品や写真を見ながらたどることができる。10代の頃の学生新聞へのイラスト、暗い色調の油彩は初めて見たし、リトグラフ、エッチング、アイパッドを使った作品など、本当に多彩で多才。米国で初めて行ったのはニューヨーク。その活気、開放感に刺激を受けた。でもロサンゼルスを拠点に選んだのは「狭いところが嫌いなんだ。その頃は思わなかったけれど、今になってわかることはロサンゼルスの広いところ、空間が好きだったんだと思う」。

そんなに遠出をしなくても、身近なところにも美術館はある。マーゲイトの「ターナー・コンテンポラリー」。もちろん、ターナー作品は現代美術ではない。でも、彼はマーゲイト出身で、美術館はターナーが住んでいたと言われる海のそばに建っている。私たちがそこから見る同じ海を見て、彼は数々の作品を生んだのだ。そして美術館としては、現代美術を幅広く扱う。

私たちが行ったときは、メインはジャン・アルプの作品群。他にターナー、トレーシー・エミン、ジョン・デイヴィス、アントニー・ゴームリーなどの作品が展示されていた。私には現代美術というのがよくわからない。説明を聞いて、やっと「ハ〜、そういうことだったんだ」とか「へー、そんな意味が背景にあるの」と「理解」するのは「感じる」ことがアートだと思っている私には、「よくわからない」という結論になる。

アルプの彫刻の質感、版画の色の組み合わせなどは好きだし、ゴームリーの人物が遠くを見て立っているような作品も好きだ。でも、どうしても理解できないのがトレーシー・エミン。彼女がプロデュースした一室には、ターナーの水彩と油彩、そして彼女を有名にした作品「マイ・ベッド」が同居していた。「マイ・ベッド」は、彼女が辛い状況にあった4日間、ベッドで過ごしたその状態をインスタレーションで表現したもので、見て美しいとはとても思えない。でも、これが1999年に若手芸術家の登竜門とされるターナー賞にノミネートされて話題となり、美術収集家サーチ氏の所有するところとなり、数年前にクリスティーズのオークション

ヘップワース・ウェイクフィールド・ギャラリーの外観

ロンドン、テイト美術館のメンバーズ・カフェ

ブラッドフォードのホックニー・ギャラリーのエントランス

にかけられたときは254万6500ポンド（約4億円）で落札された。展示室に入る前に、彼女がその作品について語るビデオを見ることができる。そこで彼女は作品について、「自分を表現したポートレートのようなもの」と言っていた。苦しんでいた当時の心象風景の自画像だと言われれば、「フーン」とわかったような気はするけれど、でも、アート？

英国は「自分を表現する」ことを奨励する。クリエイティブ・ライティングやさまざまな種類のアートに関するクラスやコースがわんさかある。その一つに通っている友人が「今、この分野をやっている人はいないから、そこをやったら」と講師に助言されたという。内から突き動かされて何かを表現するのではなく、「マーケティング上、このニッチな分野でトライすれば何か話題になるかもよ」というとても商業的なアドバイスのように見える。私はトレーシー・エミンが嫌いなのではなく、そこに何となく「作られた話題」という匂いを感じるので、それがイヤなのだと思う。

日本人には印象派が人気だから、ここに挙げたアーティストの展覧会があっても「押すな押すなの大盛況」ではないかもしれない。でも英国では、どこの美術館も館内を行ったり来たりして何度も作品を見直すことができるし、展示室の椅子に座って作品をのんびり眺めることもできる。ロンドンの「ナショナル・ギャラリー」や「テイト・ギャラリー」などの常設展示はいつでもただで見られるし、それがゴッホやダ・ヴィンチ、ラファエロやモネ、セザンヌなのだ。数ポンドの寄付ぐらい安いものだ。

そしてメンバーになると、特別展示でもただになったり、予約しなくてもすぐに入場できたりと特別扱いをしてくれる。平日に行くと学校の授業の一環だろう、床に座って好きな絵をまねて描く子どもたちも見る。

美術館の中のカフェもステキなところが多い。眼福と満腹、どちらもどうぞ。

バレエもオペラも手が届く？

英国には、「グラインドボーン」というオペラ好きなら知らない人はないだろう、由緒正しい劇場がある。わが家からクルマで30分くらい。そういう場所があるというのは聞いていたけれど、とても敷居が高そうだったので縁がないものとあきらめていた。

初めてそのスペシャルぶりを実感させられたのが、10年くらい前、初夏のある日に乗ったロンドンからの電車。午後4時近くに出発のその電車には、明らかに普段とは違う人たちが乗っていた。女性はロングドレスにスカーフ、あるいはドレスに帽子。男性は白いドレスシャツに蝶ネクタイ、黒のフォーマルスーツ。カップル、あるいは友人同士らしいカタマリが電車のそこここに。持っているのは少し大ぶりなバスケット。閉まりきらないカゴからは布のナプキン、シャンペンのボトルがのぞいていた。そして、彼らが一斉に降りたのがルイスという駅。目的地は「グラインドボーン」だったのです。

秋のグラインドボーン。馬蹄型のピクニック広場

私が自分には縁がないと思っていたのは、「行くならイヴニング・ドレスを着ないと」と言われていたのと、チケットはとても高いと聞いていたから。しかし、それはトップシーズンの話で、季節外れ（秋・冬）はドレスコードも緩やかでチケットも安いのが手に入る。この数年、親切な友人が夫の分まで手に入れてくれて、友人一同に夫も交じってステキな一夜を満喫する。

グラインドボーンはオペラと共にそこでピクニックを楽しむ、というのがお決まりだ。夏は日没が9時過ぎということもあり、開演前や長い幕間に外でピクニックをする。ハンパーという食器やボトルをコンパクトに収納するバスケットと共に、ワインやつまみ、サンドイッチを持参して、日の長い夏を羊を眺めながらのんびり過ごすのである。蚊のいない英国の夏だからできることだ。

でも、ときは10月、7時からの開演前にピクニックをするにはちょっと寒い。どうするのかな、と思っていたら劇場の最上階にオープンエアの馬蹄型バルコニーがあり、そこに木で作られたピクニック・テーブルと椅子が用意されていて、持参の飲み物、食べ物、おしゃべりを楽しむことができる。そして驚いたのが、開陳したその宴をそのままにして階下の劇場へ行ったこと。私はてっきり片づけて観劇するのだと思っていたので、「エッ、このままでいいの？誰か持って行っちゃったりしない？」と心配したが、皆が皆そうやって階下に行ってしまう。こうしておいて、幕間や終演後にピクニックの続きをするのだ。上流階級の文化ってすごいな、と思った。

英国の格差は財力も教育も、日本の比ではない。常々、私は格差の少ない日本に生まれてよかった、識字率100％に近い教育はスバラシイと思い、誇りにも思っていた。でも、世の中には大金持ちにしかできないチャリティーや綿々と受け継ぐ文化もあって、それはそれで他の人の人生も豊かにするのだなあと、英国に来て思ったりする。

そして、そんなグラインドボーンのオペラやロンドンのロイヤル・オペラ・ハウスのバレエの生中継を映画館で見る機会もある。

私は、一般公開されているあるアーティストの家でボランティアをしている。定期的な掃除や庭仕事、来場者のお世話、フェスティバルの準備など、やることはいろいろだけれど、ボランティアに共通しているのは皆、アートが好きなこと。本や映画、展覧会、お芝居など、今、どこで、何をやっていて、どれがおススメか、新聞・雑誌のレヴューはどうだったか、なんてことを聞けば必ず誰かが反応する。「舞台の生中継を映画館で」という情報も、そんな一人から教えてもらった。

友人が誘ってくれたのは、ロイヤル・オペラ・ハウスの「ウルフ・ワークス」というバレエ。でも、私は誘ってもらったときによくわかっていなかった。「ウルフ・ワークを見に行かない？ライブが映画館であるのよ」とヘンなことを言った。チケットにも「ライブ」と書いてある。でも、映画館に舞台はない。ライブを収録したフィルムなのか？それだったら映画って言うでしょう。そんなあやふやな気分で行ったら、ガツンとやられました。本当に「映画館でライブ」だった。

つまり、その日、その夜、ロイヤル・オペラ・ハウスで上演されている舞台が、映画館のスクリーンに生中継されているのだ。だから、休憩時間になると観客のざわめきも聞こえてくる。前の席のご夫婦はポップコーン片手に見ていた。オペラ・ハウスではとてもそんなことはできない。冒頭ではダンサーや振付師、コンポーザーなどのインタビューがあり、気分が徐々に高まっていく。

内容はヴァージニア・ウルフの３つの小説「ダロウェイ婦人」、「オーランドー」、「波」からとられていて、現代舞踊の範疇に入るのだろうけれど、ストーリーがあり、難解ではない。ダンサーの動きは滑らかで力強く、緩急があって、関節がどうなっているんだろう、というような動きをする。男性は皆、アスリートの体型。女性はそこに柔らかさが加わり、体全体で物語る。主役のダンサーは50代前半だったけれど、年齢や経験の重みが感じられて、若いダンサーには表現できない深さがある。カメラの中継だから、最前列で見ているようなものだ。表情も出てもよく見ることができ、暗がりに沈むダンサーの表現も感じ取れる。

ライブを実感したのは、休憩時間に観客のツイートがスクリーンにあらわれたとき。マンチェスターやバース、エジンバラなどの国内はもちろん、オランダやイタリア、スペイン、チェコからもダンスを見た興奮、感動、感激が伝わってくる。かの国々では夜中のはずだ。

本物を劇場で見る方がいいに決まっているけれど、そこまでの交通費と時間、チケット代、ホテル代を考えたら、たまにはこんな観劇の仕方があってもいいのではないか。ポップコーンの匂いも許そう。日本の歌舞伎も地方で見たい人はいっぱいいるだろう。台湾やオーストラリアなど、時差が少ない国の映画館と提携してライブで歌舞伎をツイートしあう。とてもいい案だと思うけれど。もう、そういうこと、やっているんでしょうか？

バーで俳優と

日本にいるときに、なぜもっと芝居を見に行かなかったのかと後悔している。歌舞伎、落語、演劇、どれも数えるほどしか行っていない。友人のブログを見ると、仕事と介護で忙しいはずなのに、時間を見つけては劇場に出かけていて、その行動力を見習いたいと思う。

で、行って来ました、「ブリッジ・シアター」へ。「ジュリアス・シーザー」を見に。この芝居を勧めてくれた友人は、設定が帝政ローマではなく、現代に転換されているのを私が気に入るかどうかを心配していたが、結論は「素晴らしかった！」です。シェイクスピアの原作自体がシンプルなので、時代や国を変えても伝えたいメッセージは損なわれないということか。本を読んで、ストーリーさえ知っていれば十分に楽しめるお芝居だった。

ポンペイを破って凱旋したシーザーは熱狂的な群衆に迎えられる。大衆の心を掴み、独裁へと進むシーザーに不満を抱くキャシアスはブルータスに暗殺をそそのかす。次々と仲間を増やしていくキャシアス。ついにブルータスが決心し、シーザーはいくつもの剣を受け、ブルータスのとどめで命を落とす。興奮する市民に向けてブルータスは冷静に説得力をもって、ここに至った経緯を説明する。そして、この後アントニーがシーザーを悼む演説をするから帰らないでほしいと呼びかけ、アントニーには「暗殺を非難しないこと」とくぎを刺してその場を去る。アントニーはブルータスを称えるふりをしながら、巧妙に貶め、民衆の心をひっくり返して反ブルータスの気運を高める。そして…。

この物語が、舞台では現代の政治闘争に置き換わっている。始まりはシーザーの政治集会。バンドがロックを演奏し、人々が集まり、シーザーコールが起こっている。そこへ赤いベース

ブリッジ・シアターのエントランスから外を眺める

ブリッジ・シアターから眺めるテムズ河畔

ボールキャップをかぶって、トランプ大統領を彷彿とさせるシーザーが登場する。シーザー亡き後のアントニーとブルータスの政争は、中東で起きた「アラブの春」、近いところではEU離脱の是非をはかった「ブレグジット・キャンペーン」を連想させる。国民をあおり、その感情によって流れを押し進めようとするグループと、事実をもとに冷静に説得を試みようとするグループ。ローマはその後、人々が思っていた方向ではなく、シーザーよりもさらに圧制のローマ帝国の時代に突入していく。高い志のもと、より良き世界を求めて行動したはずなのに、結果は「アレッ?」ということに。今も昔も同じということか。

この芝居で、学究肌のブルータスを演じたのが、私の大好きな俳優ベン・ウィショー。千席足らずの小さめの劇場だったので、顔もちゃんと見えて、うっとり。ステージが真ん中で、そのステージを囲むように四方に座席がある。チケットを買うときに立ち見席もあった。安いのは魅力だけれど、立って観るよりは3階でも座って観る方がいいだろうと、いす席のチケットを買った。ところが席についてまもなく、その立ち見とは劇中の市民の一人となって、「舞台に巻き込まれながら見る席」だということがわかった。つまり、私の席の3分の1の値段で、3倍の近さで俳優が見られるのだ。芝居の場面によって、約4m×5m四方の立方体がいくつもせり上がったり、下がったりするので、素人集団を整理するスタッフは大変だっただろう。

ブリッジ・シアターは、2017年10月にオープンした劇場で、最寄駅はロンドン・ブリッジ。右手にタワーブリッジ、左手にロンドン市庁舎、正面にロンドン塔や高層ビル群を臨み、晴天に恵まれれば、その全てを堪能できる。高い天井の、全面ガラス張りの正面から入ると、

1階はバーとカフェになっていて、明るいスペースの中で開場を待つことができる。暗く重厚な劇場もいいけれど、新しい劇場も発見があっておもしろい。

地方の劇場のお楽しみは、公演が跳ねた後、近くのバーに行くと、今パフォーマンスで見たその俳優が入ってきたりすることだ。ブライトンの「シアター・ロイヤル」には、すぐ横にバーがある。店内には一杯飲んでいった俳優たちの写真が並んでいる。私が出かけたのは「キャバレー」というミュージカル。観劇後、バーで飲んでいたらウェイン・スリープが入ってきた。ロイヤル・バレエ団の伝説のダンサーともいわれる人で、小柄ですでに60代になっていたけれど、舞台での存在感はひと際で、バーでも彼の回りはなんとなく輝いて見えた。そうこうするうちに、やはり着替え終わった若手の俳優たちが入って来て、他の客たちとも気軽に話を始める。こういう時、地方に住んでいるのは楽しいと思う。

友人はチチェスターの芝居へ行ったら、バーで肘がちょっとぶつかり「あら、失礼」と見たらジェームス・ノートンで、心臓がバクバクしたと言っていた。うらやましい。私もベン・ウィショーとどこかで会わないかしら。

絶対、毎年、ウィンブルドン

5月。日が長くなって晴れの日が多くなると、ウキウキしてくる。ここから英国の一番いい季節が始まる。行きたいところ、やりたいことが目白押し。その一つが、7月のウィンブルドンのテニス・トーナメントだ。

準備は前年から始まる。まず、チケットの公開抽選に応募しなければならない。返信用封筒を同封して応募用紙を取り寄せ、必要事項を記入してクリスマスまでに郵送。当たれば2月頃、通知が来る。「当たる」というのは、「○日の○コートのチケットを○枚買う権利がありますが、購入しますか?」という通知が来ることだ。日にちも、どのコートかも、枚数も選べないけれど、夏の一日、あのウィンブルドンで過ごせると思うだけで楽しくなる。練習コートでは誰を見ることができるだろう、その日は誰がプレイするのだろう、とワクワクする。だから2月に通知が来ないと、「ああ、はずれたんだ」とがっかりする。夏が少し色あせる。

続けて3年くらい当たったこともあったのに、しばらくぷっつり当たらない。そんな年は、夫がメンバーのテニスクラブの抽選に運を託す。競争率の高い日を避ける作戦が功を奏して、「ウィンブルドンの夏」が恒例化しつつある。センターコートやコート1、2のように大きな会場もいいけれど、それより小さいショーコートは選手が間近に見られて、それはそれでとても楽しい。つまり、どのコートでもいいから、ウィンブルドンにいたいのだ。

ヘンマン・ヒルからビッグ・スクリーンを見る人たち

２０１７年、２月に通知は来なかった。ところが、３月に入ってウィンブルドンから封書が！「女子のファイナルのチケットが２枚」買えるという。私はあまり乗り気ではなかった。女子にすごく好きな選手がいるわけではないし、２セット先取すれば勝ちだから１時間で決着がつくこともある。なんといっても、その日、その２選手しか見られないのだ。それなのに、チケットは他の日よりもずっと高い。たぶん、最初に当たった人はキャンセルしたのだ。だから、３月になって私たちにチャンスが回ってきた。で、夫は「男子ダブルスのファイナルも見られるから」と買うことを決定。

さて、その決勝戦。センターコートの試合は①女子シングルス決勝、②男子ダブルス決勝、③女子ダブルス決勝の順番で行われた。

女子シングルスは2時開始。ムグルザ対ヴィーナス・ウィリアムズの試合は約1時間半で終了し、3時半ごろから優勝セレモニーが始まった。4時ごろから男子ダブルス決勝開始。これが熱戦で5セットまで進み、ウィンブルドンでは最後のセットはタイブレイクがない決まりなので5セット目、13対11ゲームでやっと決着がつく。試合時間、約5時間。最後の女子ダブルス決勝はその後、9時半ごろから始まり、これは1時間弱で勝敗が決まって、セレモニーが終わったのが11時少し前。

で、私は「これは、やはり、おかしい」と思った。5時間の熱戦を繰り広げた末に勝った2人と、1時間弱で勝った2人の賞金が同じなのだ。不公平ではないですか？

男女の賞金が同額ではないのは、差別ではないか、とずっと言われてきたらしい。そこでウィンブルドンでは2007年から男女の賞金が同額になった。それまでずっと「平等」を訴え続けてきた人たちは、さぞ喜んだことだろう。でも、私にはこれは少しも平等には見えない。四大大会では女子シングルス、女子ダブルスは2セット先取すれば勝ち。だから、多くて3セットの勝負。男子シングルス、男子ダブルスは3セット先取すれば勝ち。だから、5セット戦うこともある。

私は賞金額の差は、男女の差別ではなく、3セット戦う人と、5セット戦うかもしれない人の差だと思っている。それを男女差別ではないかというのは、論理のすり替えだ。ただし、公平を期するためにつけ加えると、セリーナ・ウィリアムズは5セット試合しても構わないと言りたというが、主催者側が乗り気ではなかったとか。男子も女子も5セット消化を前提とすると、時間がかかり過ぎるから。ちなみに、これまでの最長試合は男子が11時間5分、女子が3時間45分。決勝に限ると男子がフェデラー対ナダルの4時間48分、女子がダベンポート対ウィリアムズの2時間45分だ。

２０１７年はもう一つ、議論が発生した。シングルスの第一ラウンドで途中棄権した選手が8名（男子7名、女子1名）も出たのだ。たとえ30分しかプレイしなかったとしても、最初の試合に出るだけで3万５０００ポンド（約５００万円）の賞金が支払われる。ウィンブルドンでプレイできるとなったら、そして賞金を考えたら、多少の不具合を押しても出場したいと思う気持ちはわからないでもないけれど、後で恥ずかしくならないだろうか。彼らがムリな判断をしなければ、代わりに出場できた選手がいて、観客もゲームを楽しむことができた。

「平等」については、センターコートの試合の割り振りが男子の方が多くて不公平ではないか、というものもあった。でも、プロ・スポーツは人気商売だ。高い観客動員数を見込める選手がより大きな会場で試合をするのは当たり前なことではないか。では、観客の数に応じて賞金を分配すればいい、という話まで出たという。なんだか、ため息が出てくる。

ウィンブルドンが終わると、「夏が終わった」と感じる。子供たちの夏休みさえ始まっていないのに。でも、そのあとは日は短くなる一方、気温も次第に秋に近づく。夏の盛りに向かっていくのに、7月の中頃から心は寂しくなるばかりなのだ。

イーストボーンとジョコビッチ

6月の中旬になると、英国南部の海岸沿いの町イーストボーンは町全体が「そろそろだね」という気分になる。クレーコートの全仏が終わり、ウィンブルドンに備えて芝のコートで調整をしたい選手のためのトーナメントが開かれるから。この時期は、テレビ観戦のために午後はすっかりカウチポテト状態。そして毎年、土曜日には練習を、中日には試合を見に行く。一流選手とこれから一流になるであろうティーンエイジャーの選手の活躍を見ることができる。

2007年には当時、実力も人気もあったジャスティン・エナン、アメリ・モーレズモ、キム・クライシュテルスが勢揃いし、「あんな名選手をこんなに近くで見られるなんて」とワクワクした。四大大会とは違って、会場は小さく、雰囲気はとてもアットホームで、こじんまりとした一体感がある。選手も声をかければ気軽に立ち止まって一緒に写真に納まってくれる。ウィリアムズ姉妹もケガでしばらくプレイができなかった時、勘を取り戻すために参加した。2009年からは男子のトーナメントも加わり、ランキング上位の選手もやって来る。そして2017年、ジョコビッチがやって来た。

彼は、前年のフレンチ・オープンで優勝して以来、ケガと心労でずっと不調が続き、会心の勝利というものがなかった。しかし、ウィンブルドンに向けて復帰の自信を深め、調整のために選んだのがイーストボーンのトーナメント。今までも何人かビッグ・ネームは来たけれど、彼ほど知名度のある選手は来ていない。もちろん、町は大興奮。ま、テニス好きの人たちだけだけど。

大会2日目の土曜日、会場に入ったらすでにひと際の人だかりが。案の定、ジョコビッチが練習していた。全仏ではコーチがアガシだったから、この日もどこかにいないかとキョロキョロしたけれど、見当たらず。一週間前の暑さはすっかり消え去り、天気は曇り。夕方、風が出てくるとジャケットがないと寒いくらいだ。「3日連続で、こんな天気」と練習中にジョコビッチがぼやいていたとか。彼の体にぜい肉はまったくなく、「細い！」というのが第一印象。

私と夫はこの日ラッキーで、コート脇の椅子に座ってのんびりしていたら約1時間後、ジョコビッチが2度目の練習に出てきた。今回のヒッティング・パートナーはダブルスの名選手でジョコビッチと同じセルビア人のジモニッチ。お国言葉で話しながら、とてもリラックスした様子だった。隣で見ていた英国人がジモニッチを見て「彼、ハンサムね」と言っていた。私も賛成。

コートの外側には写真を撮ろう、サインを貰おうという人たちがいっぱい。彼が出てくるとボール状の人だまりが、塊りとなって共に移動する。ジョコビッチはさぞ驚いたことだろう。メジャー大会では有名選手は前後左右をガードマンに囲まれ、ファンは遠目に眺めるだけだ。移動中に体をさわられたり、サインのために立ち止まることはまずない。

私の好きなテニス選手ランキングはナダルが1番。2番がフェデラー、3番がジョコビッチかワーリンカ。フェデラーは国籍問わず、老若男女、どの層にも人気絶大。観客がほとんどフェデラーを応援するから、対戦相手はそれにくじけないようにしないといけない。そこで、私がいつも不運だなあと同情するのがジョコビッチだ。フェデラーが強い時は、もちろんフェデラーに注目と人気が集中し、彼が年齢と共に弱くなり、ジョコビッチが彼に代わって世界ランキング1位になると、判官びいきで観客はやはりフェデラーを応援する。

私の周りには「ジョコビッチはあまり好きではない」という人も多い。「なぜ?」と聞いてもそれほどはっきりした理由はない。強すぎるのか? コワモテと感じるのか? でも、彼が若い時はナダルやシャラポヴァの仕草をまねて、とても茶目っ気があった。兄弟が多く、長男だから小さい弟の面倒もよくみるという話も聞いた。プレイ中には観客がどちらを応援しているかが如実にわかるわけで、「この扱いは不公平だ」と思うこともあるようだ。わかります。

こうしたトーナメントでは、子どもたちはバレーボール大の大きなテニスボールを持って、それに選手たちのサインを集める。若い選手の名前はよく知らないので「あの選手は誰?」とサインをもらった子供に聞くと「知らない」という答だったりする。以前、モーレズモにサインをもらっている子供を見たこともある。それは遠目にはクリクリッと二重丸を書いたような、すごく簡単に見えるサインだった。書いてもらったのも小さな紙きれ。あの子はいったいいつまであのサインを大切に保管するのだろう。

アーノルド・パーマーが後輩ゴルファーに、「小切手にサインするならどうでもいいが、ファンへのサインは誰のものかわかるように書きなさい」と言ったという記事を読んだことがある。大賛成。私は時々「あのモーレズモのサインはいったいどこにいっただろう」とおせっかいにも考えることがある。だいたい、子供は整理整頓が苦手だ。そして毎日いろんなことが起こり、サインをもらった日々なんて忘れてしまうかもしれない。しかも、そのサインを見たって「誰のだっけ？」なんてことになりかねない。読めないサインは、結局そんな運命をたどるような気がする。

そして、このところ「ついに世代交代かなあ」という気にさせられる。フェデラーがサンプラスを倒し、彼が引退するきっかけを作ったのが20歳の時。そして、ナダルが全仏で初優勝したのが19歳。今注目の若手は皆そのあたりの年齢だ。フェデラーやナダルと同じ時代にいられたことは本当にラッキーで、神さま、ありがとう、と言いたい気分だ。この世代が卒業したら、非常に寂しい。

日本人が注目している最近のテニス・プレイヤーは男子なら錦織圭、女子なら大坂なおみですね。私も応援している。大坂選手は２０１７年にイーストボーン・トーナメントで初めて見た。スコアボードに日本とあったので、見たら彼女だった。国籍がアメリカだろうと日本だろうと、日本人の血が流れていると思うと応援したくなる。しかし、日本のメディアの「日本人初の」とか、「日本人では」という表現を見るたびに、少し違和感を覚える。正直言って、彼女はアメリカ人だ。でも、フェデレーション・カップやオリンピックなどで日本人だと選ばれる確率が高いから日本国籍を選んだのだろう。キャリアの選択のひとつ。どちらの国籍でも、彼女を応援する。でも、「日本」チームに彼女がいれば、勝ち進む可能性は高そうで、それはうれしい。やはり、国籍が重要なのか。

英国ではマリーが「英国の男子で〜」ということをよく言われていた。「いい時は英国出身で、悪い時はスコットランド出身って言われるんだ」と、昔言っていました。

ルールもわからないのに

夫の家族がラグビー好きということもあって、私もラグビー観戦が大好きになった。秋のインターナショナル・マッチ、初春の6か国対抗には必ず行く。もちろん、ウェールズを応援しに。とはいえ、実は私はずっとアイルランドを応援していた。キャプテンのブライアン・オドリスコルのファンだったから。ウェールズ対アイルランド戦では競技場に入るとき、ほっぺたの一方にはウェールズのドラゴン、一方にはアイルランドのクローバーをフェイスペイントで入れてもらって、「どっちも応援してます」というとても「奇妙なヒト」になっていた。でも、彼が引退してからはウェールズ。

ところが2016年、日本チームがウェールズにやって来ることになった。この日のために公式ジャージーを買い、日本人の同志に会えるかと待ちに待ったウェールズ戦。夫の家族と共

カーディフ、プリンシパリティー・スタジアムでの
ラグビー、インターナショナル・マッチ

に10名で出かけた。私は両ほほにジャパンのフェイスペイント。私以外は皆ウェールズのジャージー。で、結果を言えば、33対30で日本が負けた。けれど、とてもいい試合だった。

毎年、インターナショナル・マッチのときは、カーディフに出掛けるとまっすぐ歩くのはままならないほどの人込みだけれど、今回はそれほど混んでおらず（対日本戦はあまり人気がないのかな。スタジアムに空席が目立つようだと寂しいな）と思う。

そして、驚いたことにほとんど日本人を見かけなかった。私はグループで応援に来ている日本男児を期待していたのだけれど、会場に入る前に見かけたのは国旗をマントのようにまとっていた男子1人、そして日の丸のハチマキをした男子

2人。声をかけて盛り上がるには、ちょっと勢いが足りない。スタジアムに入っても、見渡す限りウェールズの応援で日本人は皆無。でも、久しぶりに日本国歌を歌った。ひとりで。国歌を歌ったのは何年ぶりだろう。国歌斉唱に反対し、起立もしない教師がいるそうだけれど、そういう人は外に出たことがないんだろうなと思う。そういう人に教えられる生徒はかわいそうだとも思う。外国に行ったら、最初のアイデンティティは日本人であることだ。

ハーフタイムにワイドスクリーンに観客席が映し出されるが、そこで、やっと日本人のグループを見る。でも、大勢ではない。一家族だったり、4、5人のグループだったり。カーディフに近いスウィンドンにはホンダの工場があるのだけれど、そこから観戦には来なかったのかしら？ 残念だなあ。

さて、夫の感想。ウェールズは少し日本チームを甘く見ていたのではないか。スコアは常にウェールズが先導し日本は後からついてくる形だったけれど、日本チームのほうが動きが良かった。それでウェールズは苦しんだ。また、対スコットランド、対アイルランド戦に比べるとスタジアムが静かだった。それらの試合のときは対戦相手の応援も半端ではなく、会場全体が盛り上がるけれど、ほとんど日本人がいないのでは、そういう雰囲気にはならなかった。それが印象に残っている。

私の感想。とにかく日本人がいなくて寂しかった。でも、スタジアムはほぼ満席で空席が目立つということはなかった。実はこの試合、チケットが例年のインターナショナル・マッチよりかなり安かった。普段は60、80ポンドだが、この試合は20ポンド。だから満席になったのだろう。家族4人で来ても80ポンド。でも、空席が目立つよりずっといい。そして、ウェールズを苦しめる日本チームを見てもらえた。最後の最後までどちらに転ぶかわからなかった。日本が勝っていたかもしれなかった（良くて引き分けだったという説もあるけれど）。義理の兄は「ウェールズは運がよかった」とまで言ってくれた。試合を見た私としては、この言葉がそれほどお世辞とも思えない。

毎年、年に2回はラグビー観戦に出かけるのに、私はルールをよく知らない。ペナルティーが出ても、なぜなのかよくわからない。聞くこともあるけれど、観戦中を邪魔してもいけないので、ほとんど聞かない。聞かなくてもそれほど困らない。

ラグビーは日本人には不利なスポーツだとずっと思っていた。カラダが大きくなければ、重い体でなければ、ぶつかり合いに負ける。だから、日本チームにも外国人選手が欠かせない。しかし、それを覆したのがウェールズのシェイン・ウィリアムズだった。がっちりした体だけれど小柄で、太っているわけではない。スピーディーで次々にトライを成功させ、ナショナルチームの重要なメンバーだった。２０１２～１５年は三菱重工相模原に所属。日本選手はきっと、小柄でも効果的な戦い方ができることを彼から学んだに違いない。

日本がワールドカップで上位進出する日を、ぜひ見たい。

フェスティバルに行こう

パブとお芝居

毎年、10月の初めになるとウェールズのフィッシュガードに出かける。目的は「パイントサイズド・プレイ」の受賞者発表。これは脚本コンテストで、パイント（ビール1杯）サイズというようにショートスクリプトが対象。作品の条件は、①登場人物は3人以内。②劇の長さは5分以上10分以内。③英語で書かれたもの。そして④パブでの上演に差し支えのないよう、大げさな道具立てがいらないもの。応募の締切りは5月末。応募数は年々増加していて、海外からの応募ではアメリカが一番多い。その中から選ばれた上位10篇が、9月までにペンブロークシャー（フィッシュガードがあるウェールズの中のひとつの地域）のいくつかのパブで、そして最後にフィッシュガードの劇場で演じられ、投票によって勝者が決まる。

このコンテストの発起人はある劇団の監督で、映画館を兼ねた、町の小さい劇場をなくしたくない、という思いで始めたという。フィッシュガードという町自体がとても小さい。町の中心部には教会、ヴィレッジセンター、ローカルショップなどが広場を囲む。以前は3つのパブが営業していたけれど、今では1つ。そこから5分くらい歩いたところに劇場はある。小さなバーとティールームを備え、収容人数は２００名前後。シネコンとは対極の、手作りの温かさが伝わってくる、静かに歩きたくなるような劇場だ。

「パイントサイズド・プレイ」は開催10年を超えた。私たちが初めて行ったのは２０１２年。夫が応募したのがきっかけで、落選したのはわかっていたけれど、どんなものなのか見てみたいという好奇心から出かけて行った。アイルランドからのフェリーが来る港を持ち、北に行けばカーディガンやアブリスウィスなどの海沿いの町に出かけられ、南に下れば大聖堂のあるセント・デイビッズやウォーキングに絶好のスタックポールに行くことができる。これも行ったから言えることで、このコンテストを知らなかったら行くことはなかった町だと思う。

地元のパブ、フィッシュガード・アームズの外観

常連のおじいさん

行くと必ずマナー・タウン・ハウスというB&Bに泊まる。インターネットで偶然見つけた宿だけれど、若いオーナー夫婦の人柄、部屋の内装、窓からの景色が気に入って、いつもここに予約する。そしてこの2、3年、この時期に、この宿で必ず会う人がいる。名前しか知らないが、私たち同様にコンテスト目当ての滞在客で、3年目にして初めて朝食の時に「また、お会いしましたね」と言葉を交わすことになった。

英国人は自分から話しかけるタイプではないと思う。そのあたりは日本人に共通するものがある。でも3年も続けて会えば、そろそろ言葉を交わしていい頃だ。それでもどこに住むとか、何の仕事かという個人的なことには踏み込まない。ただ彼が言ったのは「今夜のご予定は?」。私たちは「たぶん、あなたと同じですよ」。彼が予約した席は前年と同じ辺り、そして私たちの席も前年と同じ辺り。どれだけの人が毎年続けて来ているのかわからないけれど、年を追ってチケットは早めに売り切れるようだ。

フィッシュガードに行くと毎晩行くのがフィッシュガード・アームズというパブ。宿のすぐ向かいにあり、初めて行ったときにウェールズ語で話している顧客がいて、とても印象的だった。地元の人しか集まらない、いる人はみんなお友だちというちょっと閉鎖的な空間。でも、小ぢんまりとして温かな感じもある。夫は自分だけだったら行かないと思うと言う。私は所詮ヨソ者なので「ちょっと交ぜて」という気分だった。いつもビール半パイントだけ。ある年、行ったらこの数年見かけたおじさんがいたので、「コンチワ」と言ったら「ウェルカムバック」と言ってくれて、(あ、やっぱり覚えていてくれたんだ)とうれしくなった。

応募作の脚本は年々クォリティが上がって、最後に点数をつけるのが楽しくなってきた。応募条件から自然、内容はコメディになり、一番難しいのが終わり方だ。途中で笑いを取れても、最後が尻切れトンボのようになると観客の中に消化不良感が残る。笑って、最後すっきりというのはなかなか難しい。

劇場を守りたくて始めた「パイントサイズド・プレイ」は地域の活性化にも役立っているらしい。

作家に会いたい

イースト・サセックスに「チャールストン・ファームハウス」という、アーティストの家が公開されている。そこで、毎年5月に開かれるのが、「チャールストン・フェスティバル」。ほぼ10日間、毎日だいたい4つのトークが行われる。スピーカーは作家たち。文芸作家もいれば、劇作家もいて、ノンフィクション、自然、歴史、政治など、さまざまな分野のライターがやって来る。独りで話す人、聞き手がいて対談のようにしゃべる人、自分の作品を朗読する人、スタイルはいろいろだ。

各セッションはだいたい1時間がトーク、10～20分が質疑応答で、そのあと場所を移して本のサイン会がある。会場には提携書店が店を開き、その年のフェスティバル出演者やテーマに関係のある本が揃えられている。作家のファンであればもちろん、トークを聞いて本を読みたくなれば、すぐ手にすることができるというわけだ。サイン会は人気のバロメータでもある。会場からはみ出るほどの長蛇の列ができる時もあれば、そこそこの時もある。でも、列が短ければそれだけ作家と話すチャンスもあるわけで、それはそれで幸運だ。

今までにデヴィッド・アッテンボロー、ヴァネッサ・レッドグレイヴ、イアン・マキュアン、アラン・ベネットなどのセッションがあっという間に完売になった。チケットは2月ごろに発売されるが、「フレンズ・オブ・チャールストン」のメンバーになっていれば、通常販売の前に買うことができる。なので、この時期にメンバーになる人が多く、そうすると更新時期も重なることになるため、毎年、事務所はてんてこ舞いになる。そして、こういう時に頼りになるのがボランティアの人たち。チケットの販売、郵送、フェスティバルの準備、当日になればクルマの誘導、会場入り口でのチケットのチェック、そしてカフェやショップの手伝いなど、大勢の人がサポートする。

私もボランティアの一人だけれど、フェスティバル期間中は客として楽しみたいので、お手伝いはしない。たいていのボランティアはアートに興味も造詣も深く、好きだから手伝っている人が多い。私のきっかけはちょっと違う。ある日、チャールストンに行ったら、犬を見かけたのだ。小柄で細身、とてもおとなしく、ある男の人の後をついて歩いていた。それが、当時の庭師のマーク。犬の名前はドーガン。私はその犬に会いたくてボランティアになった。アー

20世紀前半にアーティストが集まったチャールストン・ファームハウス

庭師マークの愛犬、
ドーガン

トに触れられて幸せと思うボランティアの中で、私だけが犬に会えて幸せと思っている変わり者だった。

チャールストンではフェスティバルをはさんだ春から夏にかけて、さまざまなワークショップも開かれる。絵画教室、家具へのペイント、版画などのクリエイティブなものから、自然とふれ合うウォーキング、夏休み中は子ども向けのイベントまで。何かを作ってみたいという人たちを励まし、満足させてくれる。

「チャールストン・ファームハウス」は20世紀前半に活躍したアーティスト、ヴァネッサ・ベルとダンカン・グラントが住んでいた家だ。グラントは亡くなる１９７８年まで、80年までは娘のアンジェリカ・ガーネットが一人で住んでいた。その後、「チャールストン・トラスト」によって管理され、現在公開されている家では１９５０年頃のアーティストの生活の様子を知ることができる。チャールストンの魅力は家だけではない。その周りを囲む庭も素晴らしい。壁に囲まれたイングリッシュガーデンと、その外側にある池と芝生、緑にあふれる部分で構成されていて、晴れた日に、外でお茶を飲みながらのんびりするのは最高の贅沢だ。

以前は11月からイースターまでは閉鎖されていた家も２０１８年からは通年開くようになり、１００年記念プロジェクトとして新たなギャラリーとカフェがオープンして、モダンな側面も加味され、魅力が増した気がする。家の中を案内するハウス・ツアーにはガイドがつき、ブルームズベリー・グループや関係のあるアーティストや人物についても詳しく、わかりやすく解議してくれる。

9月末には「スモール・ワンダー」というショート・ストーリーのフェスティバルが開かれる。規模は春のフェスティバルより小さいけれど、ショート・ストーリーや詩を取り上げて、作家のトーク、インタビューなどで構成される。本屋さんが開店し、カフェが賑やかなのは春と同じだ。

日本だったら、どんな作家が協力してくれるのだろう。誰に会えるのだろう。企画を立て、交渉をするのは大変だろうけれど、本好きにはたまらないイベントだ。

腹ぺコで行かないと

英国にうまいものなし、とはよく言われていたが、今ではテレビで料理番組が花盛り。人気シェフによる実演番組もあれば、有名人やプロのシェフ同士が競うコンテスト番組もある。そして、フード・フェスティバルも各地で盛んなようだ。

私が行ったのはウェールズ南部の「アブゲバニー」のフード・フェスティバル。義理の兄夫婦と出かけた。毎年、9月の週末2日間開催で、大規模の部類に入ると思う。会場は大きなスペース3か所に分かれていて、食品販売店の出店や食事を提供する屋台のような店が100以上あり、食事用のテントや野外で座るスペースも用意されている。ところどころにステージがあって、有名シェフのトークやデモンストレーション、ちょっとした料理教室もあり、ただ食べるだけではない。

食品はチーズ、ハム・ソーセージなどの肉類、魚介類、パンなどの単品から、ハンバーガー、スコッチエッグ、ポークパイ、チャウダーのような調理した食品、そしてジャムやチャツネ、各種ソースなどのビン詰め食品まで、どっさり。入場料を払うと手首に紙のブレスレットをつけてくれる。1日用と2日用では色が違っていて、今日のブレスレットで明日も入ろうなんてことはできないようになっている。入ったら、好きなものを買い、好きなものを食べればよろしい。でも、最初にざっと店の種類を見て、何を食べるか見当をつけておかなければならない。そうでないと、最後の方で好物を見つけたのに満腹で、「食べたかったのに～」ということになるから。なるべくいろいろなものを試してみたいので、分けられるものは義姉と分ける。それでも、3、4種類食べれば結構おなかはいっぱいになる。残念。

ビン詰めの調味料は賞味期限が先だからいいかなと思うのだけれど、コールドミート用のソースなどは、2人家族のわが家では使い切るまでにどのくらいかかるだろうと思うと、なかなか買う決心がつかない。でも「せっかく来たんだから」とちょこちょこ買って、散財してしまう。ああいうところへ行くと、いつもそうなのだ。なんとなく財布のヒモが緩んでしまう。

ミシュランが星をつけに日本へ初めて行ってから何年経つのだろうか。日本のレストランには三つ星がいっぱいだと、西欧人が驚いたという話があったけれど、日本は世界に誇るおいしい国だ。特に東京はすごい。高いゴージャスなところへ行きたいと思えばそういう店があるし、安くておいしいところに行きたいと思えばそういう店もある。各国料理も競争が激しく、シェフが勉強家で素材がいいから、母国よりもおいしかったりする。わざわざ星をつけてもらわなくても、住んでいる人はおいしいところを知っている。と言いながら、私も「東京いい店うまい店」とか山本益博氏のコラムを参考にしましたっけ。

英国のレストラン評価はあまり参考にしない。人気度はわかるけれど、おいしいかどうかはわからない。英国では時々、窓からどんな人が客なのか眺めることがある。高級店はそんなことはできないけれど、普通の店は歩くついでにちょっと横目に。行列に東洋人が多いと「今度入ってみようかな」という気になる。

あとがき

「ねえねえ、あのドラマ見た？」

　それが、夫の妹と会う時の私の開口一番だった。彼女は仕事と子育てを両立していたし、子どもが起きているうちは暴力や死体が出てくるドラマは見なかったから、私の方が英国のテレビ番組に詳しかった。

「さちこ、せっかくだから、ブログでも作ってみたら？」と言ってくれたのは彼女が最初だった。しかし、それはアイデアのまま眠り、「よっしゃ！」とその気になって腰を上げたのは数年前のこと。でも、番組の紹介をするだけでは、なんだか物足りない。そこで、友人に宛てて、英国で暮らす私の日常生活を報告する気分で書くことにした。日頃、どんなことを感じ、考えることがあるのか。日本と英国では何が似ていて、異なるのか。毎日、哲学をしているわけではないから、くだらない話もいっぱいある。だけどとりあえず、英国のテレビ番組というプリズムを通して見えたことを、報告しよう。

　そうして書いた私のブログ「ぶらり、英国テレビジョン」に加筆、新原稿を加えて出来上がったのが本書である。英国にやって来て、とびぬけてドラマがおもしろいことに気がついた。

日本にはない視点とアイデアがあり、セットや衣装、ロケもケチケチしていない。ドキュメンタリーは「このために何時間待ったんだろう」というシーンの連続だし、プレゼンターも知識が豊富で、見る楽しみと知る喜びを合わせて提供してくれる。そうして見ているうちに、日本について英国について考えることが多くなった。生まれ育った日本のことをよく知らないことにも気がついた。とりあえず日本では会社員生活を経験し、「バブル景気」も「失われた20年」も脇から眺め、「年功序列」が「成果主義」に移行する過程も体験した。少しはモノゴトを見てきたつもりだったけれど、「人生、いつまでも勉強ですなあ」と老人のつぶやきのような思いがぽっかり浮かぶのである。

日本では若者がテレビを見なくなっているという。地上波は老人のものになりつつあるらしい。あんなにつまらない番組ばかりではムリもない。報道番組でさえ、事実を報道するというよりも、何らかの意図があって世論を操作しようとしているようにも見える。

そこで、これから日本が迎えるであろうことで、気をつけてほしいと思うことが一つある。「国民投票」だ。英国はこれで「ブレグジット」という道を選んだ。民主主義は多数決だから受け入れなければならないが、くれぐれもメディアに騙されないように。離脱派の言ったことには数々のウソがあった。それを振りまいたのがメディアで、振り回されたのが国民である。日本で「国民投票」があった場合は、面倒で難しいことだけれど両方の言い分を自分で調べること、感情で投票しないことだ。

40歳を過ぎてから英国に来たこともあり、もともと「英国大好き」とか「英国バンザイ」という気分とは距離があった。でも、テレビ番組についていえば、だんぜん英国の勝ちである。英国でもネット配信会社による競争が激しくなっているけれど、いい番組を作ればそういう会社に売ることもできる。私が紹介した番組もネットフリクスで配信しているものもあるだろう。検索して、ぜひ見てください。

本書を読んでくださって、どうもありがとう。

そして、原稿を書くにあたって、忘れっぽい私を助けてくれた夫に感謝したい。

著者
宗　祥子　（そう　さちこ）
1958年生まれ。静岡県出身。東京女子大学文理学部史学科卒業。ライター、コピーライターとして編集プロダクション、広告プロダクション、広告代理店で働く。2003年より英国イースト・サセックスに住む。ブログ「ぶらり、英国テレビジョン」を更新中。

カウチポテト・ブリテン
――英国のテレビ番組からわかる、いろいろなこと――

2019年 4月20日　第１刷発行

著者
宗《そう》　祥子《さちこ》

発行所
㈱芙蓉書房出版
（代表　平澤公裕）
〒113-0033東京都文京区本郷3-3-13
TEL 03-3813-4466　FAX 03-3813-4615
http://www.fuyoshobo.co.jp

印刷・製本／モリモト印刷

ISBN978-4-8295-0759-9